U0100821

中国妆束

大唐女儿行

（第二版）

左丘萌——著

末春——绘

清華大学出版社
北京

图书在版编目（CIP）数据

中国妆束. 大唐女儿行 / 左丘萌著；末春绘. —2版. —北京：清华大学出版社, 2024.1
(2024.1重印)
ISBN 978-7-302-64226-8

Ⅰ. ①中… Ⅱ. ①左… ②末… Ⅲ. ①女性—服饰—研究—中国—唐宋时期 Ⅳ. ①TS941.742.4

中国国家版本馆CIP数据核字(2023)第136000号

责任编辑：刘一琳
封面设计：道　辙 @Compus Studio
版式设计：陈国熙
责任校对：赵丽敏
责任印制：杨　艳

出版发行：清华大学出版社
网　　址：https://www.tup.com.cn，https://www.wqxuetang.com
地　　址：北京清华大学学研大厦 A 座　　邮　　编：100084
社 总 机：010-83470000　　邮　　购：010-62786544
投稿与读者服务：010-62776969，c-service@tup.tsinghua.edu.cn
质量反馈：010-62772015，zhiliang@tup.tsinghua.edu.cn
印 装 者：北京博海升彩色印刷有限公司
经　　销：全国新华书店
开　　本：160mm×240mm　　印　　张：18.5　　插　　页：2　　字　　数：269 千字
版　　次：2020 年 7 月第 1 版　2024 年 1 月第 2 版　　印　　次：2024 年 1 月第 3 次印刷
定　　价：149.00 元

产品编号：093273-03

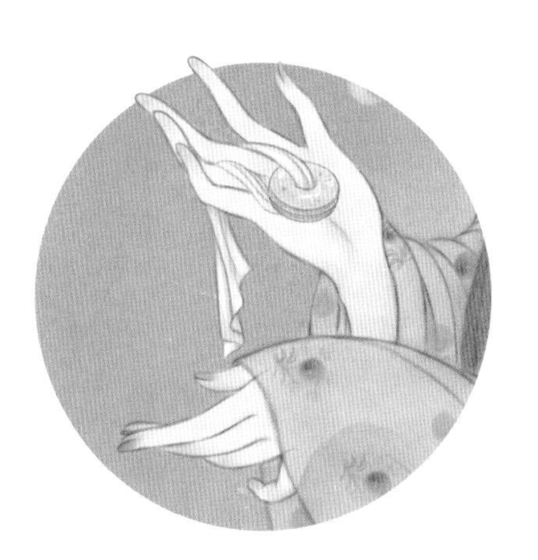

序

本书是“中国妆束”系列小书中关于唐朝女性服饰的一册。

“妆束”二字，取自唐人小说《游仙窟》中形容美人的一句“妍华天性足，由来能妆束”。“能妆束”具体来看，则是李隆基《好时光》所谓“偏宜宫样”、白居易《和梦游春一百韵》所谓“风流梳洗”“时世妆束”、敦煌曲子词《内家娇》所谓“及时衣着，梳头京样”，而今吾人称之为“时尚”也。

大唐女儿的妆束时尚展现着繁华世相之一面，同当时的社会风气与文化氛围一样，在不断地变动发展，仿佛繁花般次第开放、缭乱竞艳，一段花事谢后，女郎们还未及感受寂寥，又有新的花事可供耽醉。过去由于史料有限，针对唐朝的服饰研究往往存在着笼统化的情形，忽略了不同时期不同人物各具特色、独呈异彩的林林总总；而坊间热播关于唐朝的影视，又饱含着东方主义、猎奇主义，进一步加深了人们对唐朝女子的浪漫化、理想化的刻板印象。

虽然这妆束的花事早已随岁月落尽，但千载之后静绕珍丛底，于钗钿堕处尚能觅几片残红、见几分相思。因此，本书尝试以考古发掘所见唐代文物为基础，对照传世史料或出土文书中的记载，以唐人的眼光重新解读当时真实的女性妆束时尚。书中上溯至隋，下及五代，以绮罗（衣）、琳琅（饰）、粉黛（妆容）、髻鬟（jì huán）（发式）四篇，一一考证分述当时各类妆束的名称、款式和组合搭配，并讲述妆束时尚乃至具体的一衣一饰背后的故事。一应琐细，却正可同昔年大唐女儿相与会心。

本书或可算作一曲花逝之歌、一篇惜花之赋。

本书时代分期

隋唐五代历时约四百年，女性的妆束时尚产生了极多的变化、得到了极大的发展。为便于在下文进行细致的解说，有必要区分出具体的历史时段。隋（581—618 年）可以视作唐之前的酝酿期，而五代（907—960 年）则可视作唐之后的发展延续期。核心期则是绵延近三百年的唐代（其间有过短暂的武周代唐）。

传统史学将唐代分为初、盛、中、晚四期；而就服饰史而言，还需单独列出对当时服饰时尚产生重大影响的武则天统治时期，中唐、晚唐时期的区分方式也与传统史学略有不同。以下分期多是以帝王统治始终为界，需注意的是，时尚变化是渐进的，分期也是相对而言，时期不同但年代相近的形象中，并不存在完全相异的区别。

一、初唐时期：唐高祖武德元年（618 年）—唐高宗永徽元年（650 年），大体经历唐高祖、太宗及高宗朝初期。

二、武则天时期：唐高宗永徽二年（651年）—唐玄宗先天元年（712年），包括武则天为皇后、太后、皇帝以及其退位后女性继续参政的时期，行文中将这一时期称为“武周时期”。大体经历唐高宗、武曌、中宗、睿宗朝。

三、盛唐时期：唐玄宗开元元年（713年）—唐玄宗天宝十四载（755年），经历唐玄宗一朝，至安史之乱止。

四、中唐时期：唐玄宗天宝十五载（756年）—唐文宗开成五年（840年），大体经历肃宗、代宗、德宗、顺宗、宪宗、穆宗、敬宗、文宗朝。

五、晚唐时期：唐武宗会昌元年（841年）—唐昭宗天祐四年（907年），大体经历唐武宗、宣宗、懿宗、僖宗、昭宗朝。

目录

云想衣裳花想容，春风拂槛露华浓。
若非群玉山头见，会向瑶台月下逢。
——李白《清平调》

第一篇 / 绮罗

概说

有唐一朝，女性大体的服装搭配一脉相承，上着衫与襦，下着袴（kù）与裙，肩臂间又披绕有长帛所制的帔（pèi）。但具体而言，同如今的时尚女性一样，“及时衣着”是她们的首要追求，从初唐到晚唐，衣物式样有着由紧窄纤长向博大宽缓发展的历程。

本篇为简明的隋唐五代女性时装演变史。在每节开篇，先分别以红拂、上官婉儿、杨贵妃、聂隐娘、同昌公主五位女子的故事为基础，结合当时的流行服装式样，设计出直观的妆束形象，其后再具体分析各时期的服装时尚流行；然后参考考古所发现的服饰实物、绘画与雕塑形象，对这些时期的典型妆束形象进行推测及复原。

在阅读本篇之前，有必要对当时流行的染织工艺做一个初步的了解。

织造部

唐代的丝绸品类极多，有绢、絁（shī）、纱、縠（hú）、罗、绫、绮、锦、织成等。

经、纬

织物均由丝线纵横交叠织造而成，经为纵线，纬为横线。织造时通过经线或纬线的变化，可以在织物上显出不同的花纹。

绢、絁

绢是当时的普通平纹织物；絁与绢类似，但织造时使用的纬线粗细不一，会形成纬向条纹。

纱、縠

纱是较为轻薄的织物，经纬纤细，排列稀疏，呈平纹方孔。其中极轻的无花薄纱名为“轻容”，也有名为“方空”的。縠与纱类似，但丝线经过强捻、精练、脱胶，表面有松软的褶皱纹路，又名“绉纱”。白居易《寄生衣与微之，因题封上》中有：“浅色縠衫轻似雾，纺花纱袴薄于云。”

罗

罗是以经丝缠绞与纬线交织而成的特殊织物，因经线绞缠的方式、数量不同，创造出多种不同的式样。罗仍属轻薄织物，但通常比起纱、縠略显厚重，王建《宫词》中有："嫌罗不着爱轻容。"上层贵族用罗讲究轻薄，有蜀地所产的"单丝罗"，极为轻薄，优良者每匹仅重五两。李峤《罗》中有："云薄衣初卷，蝉飞翼转轻。"在素罗之外，又有特别提花织成的"花罗"。

绫、绮

绫在当时包括平纹地或斜纹地的单色暗花织物。绫在唐朝极为流行。中唐以来，用特殊工艺织造的缭绫极贵重，为宫廷贵胄所重视。绮的工艺类似绫，以二色彩丝（经纬异色）织造，又名"二色绫"。

锦、织成

锦是用染好色的丝线织出的多重组织结构织物，质感较为硬挺厚重，往往具有华丽的色彩与图纹。因织造结构、显花模式的不同，可分为经锦、纬锦、双面锦等，又有将金银线织入其中的织金锦。织成是预先按照服装式样所需织造的高级织物，大多用彩丝织造，也属于锦类。

唐代织物品类概览

绢

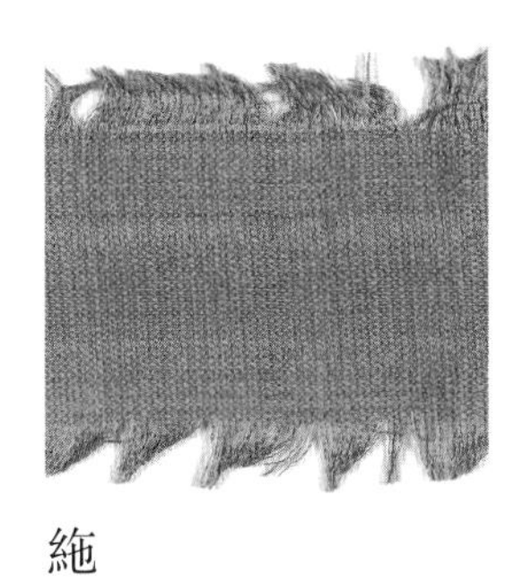

絁

纱（今称假纱）

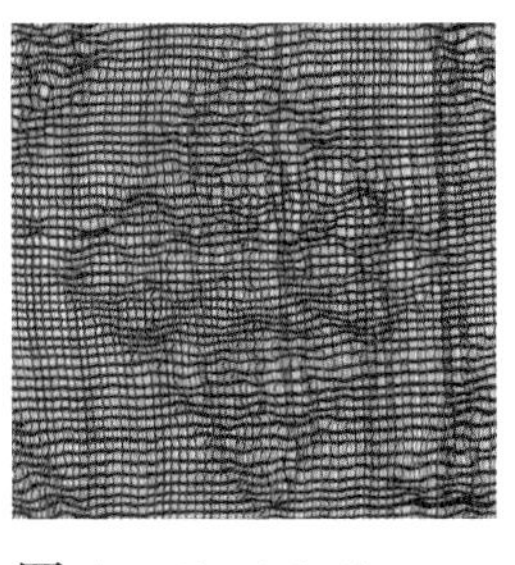

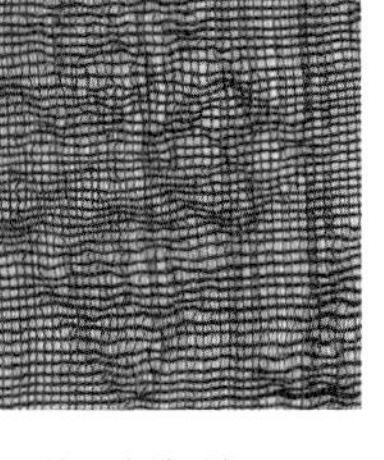

罗（二经绞，今称纱）

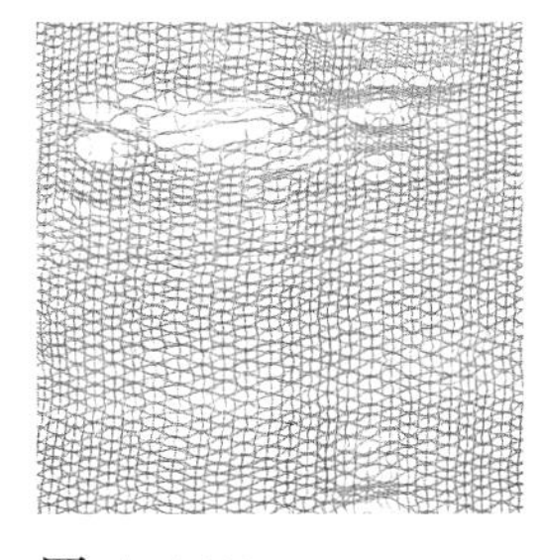

罗（四经绞）

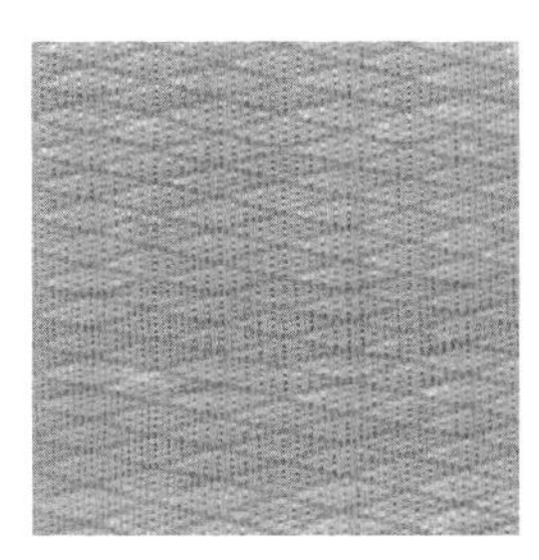

菱纹罗（四经绞地二经绞纹）

绫（斜纹地起暗花）

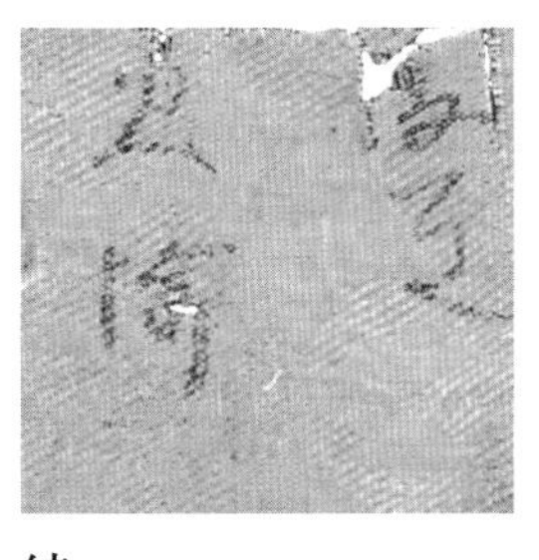

绫（平纹地起暗花，今称绮）

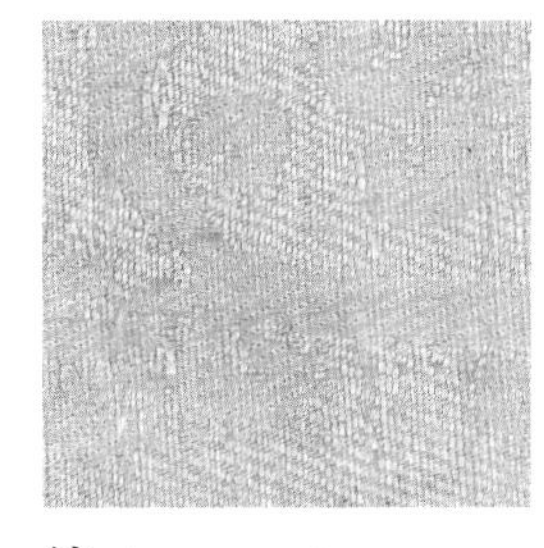

绮（又名二色绫）

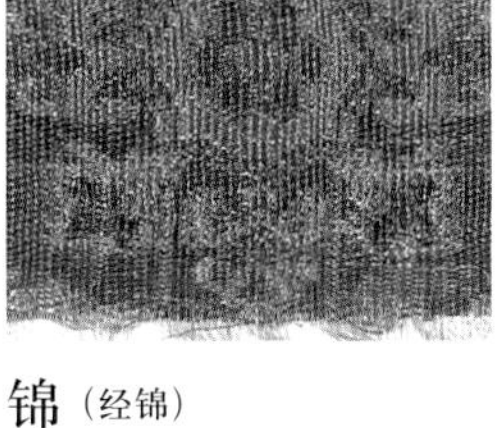

锦（经锦）

锦（纬锦）

织金锦

印染绣部

色彩

唐人染制衣料的染料大多出自草木植物。如染红用茜草、红花、苏方木，染紫用紫草，染黄用栀子、柘，染蓝用蓝草，染黑用橡子等。宫廷织染署的染色分为青、绛、黄、白、皂（黑）、紫六色，不过实际的色彩品类极为丰富。除去预先以彩丝织好的锦、织成与部分绫绮外，大部分绢、絁、纱、縠、绫、罗，都是先织出素色匹料再进行染色。

染制

为了在丝绸上染出花纹，唐人多采用防染印花工艺“缬”（xié）。较多见的一种，如今被称为“绞缬”或“扎染”，因工艺不同产生的花纹样式很多；最为精美的一种是“夹缬”，大致是通过木板相夹进行印染，可制出复杂的彩色纹样。此外又有“蜡缬”“灰缬”等，通过蜡或草木灰等特殊染剂在丝绸上绘制或印制花纹，再加染色，形成有纹饰部位不受色的花地异色效果。

印绘　　除却“缬”类的防染印花工艺之外，还有将染料涂在花版上再在平铺织物上进行拓印的直接印花工艺。又有“印金”工艺，是在织物上调胶绘制纹饰后敷贴金箔，待胶固定后再将多余金箔除去露出纹样。绘是直接用笔在织物上绘制纹样，其中将金银箔调胶作为颜料的“金泥”“银泥”工艺尤为珍贵。

刺绣　　刺绣是以彩色丝线在织物上绣出各种纹饰。比起织造印染，刺绣更加自由，纹样也更显鲜艳生动。唐前期流行短针相接、后一针自前一针中间穿出的劈针绣法；盛唐以后流行细密长针往复交接的平针绣法。华丽者还会在绣样边缘钉压一圈金线勾边。最为贵重的是将捻金、捻银线盘钉在织物表面的“蹙（cù）金”“蹙银”工艺。

敦煌丝绸中的植物染色示例

唐代印染绣工艺品类概览

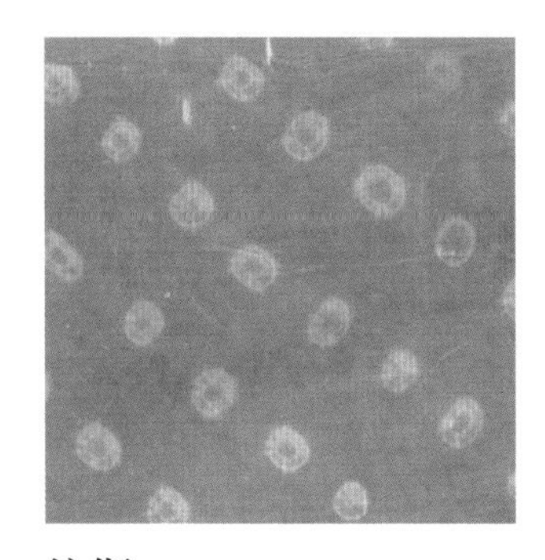

绞缬

蜡缬

灰缬

夹缬

印花

印金

彩绘

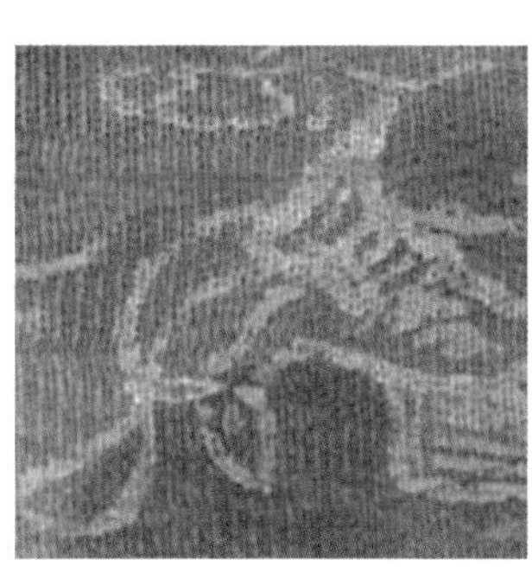

金泥绘

劈针绣

平针绣

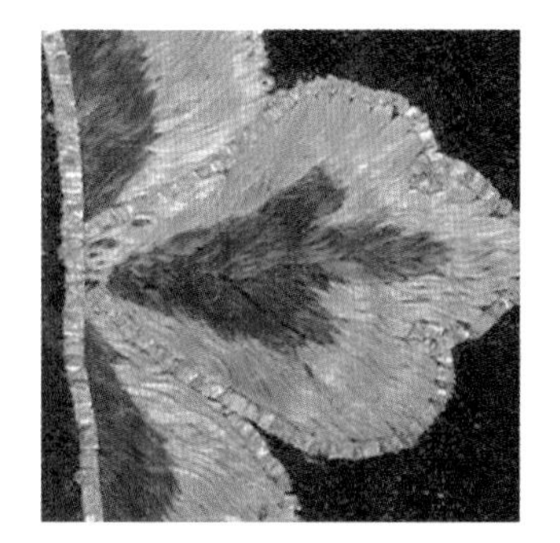

压金绣

蹙金绣

公（李靖）归逆旅。其夜五更初，忽闻叩门而声低者。公起问焉，乃紫衣戴帽人，杖揭一囊。公问谁？曰：『妾，杨家之红拂妓也。』公遽延入。脱衣去帽，乃十八九佳丽人也。素面画衣而拜。公惊答拜。曰：『妾侍杨司空久，阅天下之人多矣，无如公者。丝萝非独生，愿托乔木，故来奔耳。』公曰：『杨司空权重京师，如何？』曰：『彼尸居余气，不足畏也。诸妓知其无成，去者众矣。彼亦不甚逐也。计之详矣。幸无疑焉。』问其姓，曰：『张。』问其伯仲之次，曰：『最长。』观其肌肤、仪状、言词、气性，真天人也。

——杜光庭《虬髯客传》

隋—初唐 江南江北两风流

隋朝人论音辞时谈到，“南方水土和柔，其音清举而切诣，失在浮浅，其辞多鄙俗；北方山川深厚，其音沉浊而鈋（é）钝，得其质直，其辞多古语”[①]；初唐人谈论文学时也提到，“江左宫商发越，贵于清绮，河朔词义贞刚，重乎气质”[②]。无论民俗还是文风，从天下初归一统的隋朝到初唐时期，都存在着巨大的南北差异，而当时女子的衣着打扮更是如此。

①《颜氏家训·音辞》。

②《隋书·文学传叙》。

隋朝女性服饰形象

敦煌莫高窟三八九窟壁画、六二窟壁画

段文杰 . 中国壁画全集·敦煌：隋 [M]. 天津：天津人民美术出版社，1991.

北方过去长期处于胡族统治之下，民风开明，女子往往能够打破后宅的封闭世界，参与外界的社交应酬，“邺下风俗，专以妇持门户。争讼曲直，造请逢迎，车乘填街衢（qú），绮罗盈府寺，代子求官，为夫诉屈”[1]。为便交游、出行，她们的日常服装都以“夹领小袖”[2]“冠帽而著小襦袄”[3]的“胡服”居多；而南方女子却往往受缚于繁冗的礼制，“江东妇女，略无交游。其婚姻之家，或十数年间，未相识者，惟以信命赠遗，致殷勤焉”[4]。她们的衣装继承了汉魏六朝以来褒衣博带的风格，为了适应南方湿热的气候，衣袖逐渐趋于宽大，以便散热透凉，甚至夸张到“一袖之大，足断为两”[5]的程度。

随着南北朝时期文化交流的深化，南朝衣装被视作“汉衣冠”；北朝政权在标榜中原正统、制定衣冠制度的过程中，常常仿效南方的服饰制度，将南方的宽衣大袖作为重大场合穿用的礼服。服饰时尚开始呈现出南北融合的趋势。隋朝一统南北之后，服装基本建立起南北融合的双轨制度，因此当时女服可大致分为两类：一类继承南方的“汉式”服装，有着阔大的襦袖、曳地的裙裾，搭配足部的高台大履，用作礼服或盛装，平日里并不穿用；另一类则继承了北朝的“胡式”服装，有着身穿的窄衫长裙、肩披的帔帛，搭配足蹬的短靴，用作日常服装。

目前零散出土的隋朝壁画中，展现女性形象的很少，线刻或陶俑也基本剥落了颜色，幸而敦煌石窟尚留有多幅描绘隋朝女供养人形象的彩绘壁画。此外，日本还藏有多卷《过去现在因果经绘卷》[6]，其中图样大约均摹绘自中国隋朝时流传至日本的佛经变文绘画，因此画中人物上至宫妃，下至伎乐侍

①④《颜氏家训·治家》。

②《魏书·献文六王》：（高祖）又引见王公卿士，责留京之官曰：“昨望见妇女之服，仍为夹领小袖。我徂东山，虽不三年，既离寒暑，卿等何为而违前诏？”

③《魏书·任城王传》：高祖曰：“朕昨入城，见车上妇人冠帽而著小襦袄者，若为如此，尚书何为不察？”

⑤《宋书·周朗传》：故凡厥庶民，制度日侈，商贩之室，饰等王侯，佣卖之身，制均妃后。凡一袖之大，足断为两，一裾之长，可分为二；见车马不辨贵贱，视冠服不知尊卑。尚方今造一物，小民明已睥睨。宫中朝制一衣，庶家晚已裁学。侈丽之原，实先宫阃。又妃主所赐，不限高卑，自今以去，宜为节目。金魄翠玉，锦绣縠罗，奇色异章……

⑥《过去现在因果经绘卷》是以上图下文的形式，描绘释迦牟尼生平故事的长卷，留传至今的有多卷卷轴或断片，现分藏于京都上品莲台寺、醍醐寺报恩院、东京艺术大学等地，又有一些分属不同时期抄摹本的零星断片。这里主要参考的是日本京都醍醐寺藏本，绘卷中除人物衣冠、建筑树石类似于莫高窟、麦积山的隋代壁画之外，经文字体也与隋开皇年间写经相似。日本研究者推测其为奈良时代（710—794年）遗物，实际更可能是飞鸟时代（593—710年）后期的绘卷或后来较为写实的摹本。

婢，都直观反映了当时中原女性的妆束风格。

在初唐时期，有贞观五年（631 年）淮安靖王李寿墓的壁画与石椁线刻，将当时王公贵族家中女性的妆束展示得极为全面[①]，其中有盛服侍立的女官、执扇或捧持器物的侍女，还有奏乐起舞的伎乐。

① 陕西省博物馆，等．唐李寿墓发掘简报[J]. 文物，1974, (9)．

隋朝宫廷女性形象

《过去现在因果经绘卷》第二卷断片局部 / 日本奈良国立博物馆藏

奈良国立博物馆．日本佛教美术名宝展：奈良国立博物馆开馆百年纪念[M]. 奈良：奈良国立博物馆，1995.

初唐伎乐与侍女形象

李寿墓壁画与石椁线刻／唐太宗贞观五年（631 年）

石椁线刻为本书作者提取自拓片；张鸿修．中国唐墓壁画集[M]．广州：岭南美术出版社，1995．

北方风格的日常服饰

总的说来，隋—初唐的日常女服延续了北朝时期“妇女衣髻，亦尚危侧，不重从容，俱笑宽缓”[①]的时尚，进而演变出纤长柔美的风格特点。

当时女性日常所穿的上衣有衫子、袄子、襦等制式，其中以衫子最为常见。区别于可罩全身的袍服，衫是通裁短身式样，在这一时期袖形以细长紧窄为时尚。因衫子较短，又名“半衣”。五代马缟《中华古今注》中有：“始皇元年，诏宫人及近侍宫人，皆服衫子，亦曰半衣，盖取便于侍奉。”虽附会的时代不可靠，但也反映出时人观念中衫子是一种较为便利的衣式。衫多为单层，采用软薄的织物缝制，不加袖缘，适用于春夏；寒冷时节所穿的上衣则有双层的夹衫子、衬里夹纳棉絮的袄子。

唐太宗贤妃徐氏有诗《赋得北方有佳人》，一

① 《通典 · 乐典》。

初唐侍女日常服饰形象

唐太宗贞观十三年（639 年）杨温墓壁画

昭陵博物馆 . 昭陵唐墓壁画[M]. 北京：文物出版社，2006.

身着裤装的女俑

隋炀帝大业二年（606 年）
柴恽墓出土

张全民 . 略论关中地区隋墓陶俑的演变 [J]. 文物，2018, (1) .

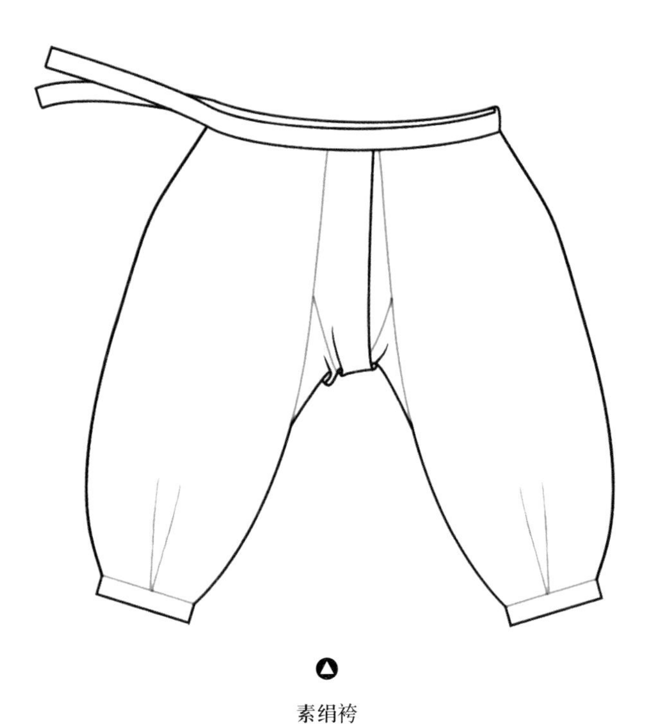

素绢袴

原件馆藏于新疆吐鲁番博物馆

原件左上腰一侧已残，本书作者补绘

句“纤腰宜宝袜（mǒ），红衫艳织成”将初唐女子的上衣层次形容得尤其妥帖：诗中所谓“袜”并不是穿在足上的“襪（wà）”，而是当时女性常着的内衣；穿着短窄衫子时，需先将“袜”缠于胸腰。如诗中所载，上衣也可用艳丽且质地较厚实硬挺的织锦作为领袖缘边，称作“锦褾（biǎo）”[①]。

襦同样也是一种短衣，但其衣身之下缝缀有一圈短围裳，“短而施要（腰）”[②]，因而又名“腰襦”。这种式样仍维持着前朝的制式，更为正式。

至于上衣的领式，当时以直领与弧领两种式样为主，具体穿着时有两襟交叠或对襟等多种方式。

日常的下装有裤与裙。

① 详见下文所引吐鲁番阿斯塔那唐墓出土文书《新妇为阿公录在生功德疏》。

② 唐颜师古注《急就篇》所言。

内穿的裤装可分为裈（kūn）与袴两类。裈是最贴身的内衣，因此虽见于文字记载，却难以从陶俑、壁画、线刻上得知其具体形制。而袴是穿在裈外的长裤；西安长安区柴恽墓［大业二年（606年）］中出土女俑，因外着丝织衣物已不存，得以看到其内着袴装的形态——高腰长袴的裤脚掖入短靴之内。《步辇图》中一众提起裙摆的宫人也都穿着裤脚收窄的条纹裤。新疆吐鲁番博物馆收藏有一腰素绢制作的小口长裤实物，两边裤腿分别制出，再接缝裆部嵌片，最后在腰际以带相连[①]。

裙装流行“间裙”式样，是将布幅裁作上窄下宽的条状，再以双色或多色长条相间拼合缝制而成。自魏晋南北朝以来，人们常以间色的色名作为裙的名称，如“绯碧裙”“紫碧裙”等。隋朝女子丁六娘作《十索》诗，有“裙裁孔雀罗，红绿相参对”句，即是指当时流行的红绿色间裙。隋朝与初唐的女性往往将裙腰束系得很高，直至胸乳之上。在唐初画家阎立本绘《步辇图》中，一众随侍唐太宗的宫人便是在胸际高束起红白色间裙；因裙过长不便行动，她们又在腹下另系长带将裙提起。

又可在间色裙上再罩一层纱罗质地的笼裙，形成虚实结合的穿着效果。传说这一式样起始于隋宫，如马缟《中华古今注》所记：“隋大业中，炀帝……又制单丝罗，以为花笼裙，常侍宴供奉宫人所服。”实际在新疆吐鲁番阿斯塔那北朝墓葬的发掘中，已见有在长裙外另罩绛红纱裙的女性服装搭配[②]。隋朝时笼裙已大为流行，雕塑艺术中常有一手提起长长笼裙露出间裙一角、款款前行的女性形象。

① 吐鲁番学研究院，吐鲁番博物馆．吐鲁番古代纺织品的保护与修复[M]．上海：上海古籍出版社，2018．

② 武敏．吐鲁番考古资料所见唐代妇女时装[J]．西域研究，1992，(1)．

约隋炀帝大业年间提裙女俑

英国牛津大学阿什莫尔博物馆藏

▲

初唐宫女形象

北京故宫博物院藏

（传）唐·阎立本《步辇图》局部图

在衣裙之外，还有帔子也称领巾。这是一种质轻且柔的飘带式长巾，佩时先披挂于颈肩，随意裹曳于胸臂间，最终垂在身畔。它早见于公元前西亚希腊化时期神像的衣装之上，往东流传成为佛教艺术中天人身上当风飞舞的衣饰；在南北朝时期随佛教传入中原后，逐渐融入世俗衣装；因披于肩背的特征，人们以汉语中披肩的古名“帔”或“领巾”称之。隋文帝开皇年间，贵家女子所用领巾还被人少见多怪地视作“服妖”，认为其与战争中的槊（shuò）幡军帜相似，象征着兵祸将至[①]。但随后不久，帔子就被女子广泛使用。大约作于初唐的唐人传奇《补江总白猿传》中有“妇人数十，帔服鲜泽”，是直接以“帔服”作为女装的代称。隋至盛唐时期的帔多制作成两头弧圆的长巾式样。

①《隋书·五行志》：“开皇中，房陵王勇之在东宫，及宜阳公王世积家，妇人所服领巾制同槊幡军帜。妇人为阴，臣象也，而服兵帜，臣有兵祸之应矣。”

唐朝的帔子式样（此为等比缩小制作的俑衣）

唐睿宗永昌元年（689 年）新疆吐鲁番阿斯塔那唐墓区张雄麹（qū）氏夫妇合葬墓（206 号墓）出土

▼

初唐女性妆束形象

发式妆容：参考同时期壁画与线刻形象绘制

服饰：

❶ 日常服饰，上着浅绿衫子，下着红绿间裙，肩搭赤黄帔子

❷ 礼制服饰，头戴花钗，身着大袖襦衣，足踏高头履

南方风格的礼服盛装

在日常的窄袖襦衣之外，又有大袖式的襦衣与长裙搭配,用于贵妇人的礼装,如宋高承《事物纪原》称“唐则裙襦大袖为礼衣”。初唐李寿墓石椁内部线刻的一众女官，身着礼衣，大袖下端还可见到搭配礼衣所用的蔽膝以及其下系腰大带垂下的两头。

初唐盛装女性形象

唐太宗贞观五年（631年）李寿墓石椁线刻／石椁现藏西安碑林博物馆

本书作者提取自拓片

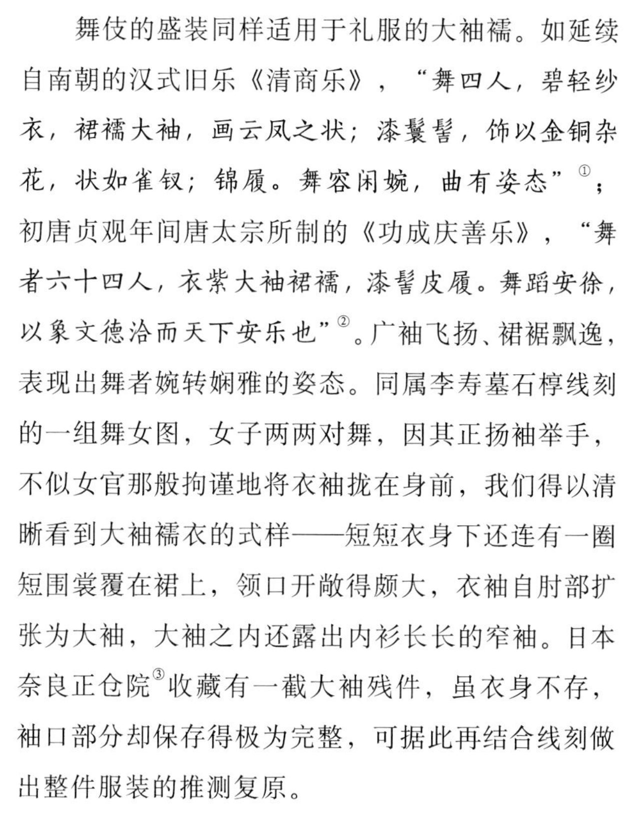

舞伎的盛装同样适用于礼服的大袖襦。如延续自南朝的汉式旧乐《清商乐》，“舞四人，碧轻纱衣，裙襦大袖，画云凤之状；漆鬟髻，饰以金铜杂花，状如雀钗；锦履。舞容闲婉，曲有姿态”[①]；初唐贞观年间唐太宗所制的《功成庆善乐》，“舞者六十四人，衣紫大袖裙襦，漆髻皮履。舞蹈安徐，以象文德洽而天下安乐也”[②]。广袖飞扬、裙裾飘逸，表现出舞者婉转娴雅的姿态。同属李寿墓石椁线刻的一组舞女图，女子两两对舞，因其正扬袖举手，不似女官那般拘谨地将衣袖拢在身前，我们得以清晰看到大袖襦衣的式样——短短衣身下还连有一圈短围裳覆在裙上，领口开敞得颇大，衣袖自肘部扩张为大袖，大袖之内还露出内衫长长的窄袖。日本奈良正仓院[③]收藏有一截大袖残件，虽衣身不存，袖口部分却保存得极为完整，可据此再结合线刻做出整件服装的推测复原。

与大袖襦衣礼装搭配的裙式，大多与日常流行的长裙差异不大，只是在礼仪场合不便如劳作侍奉者那般用带子将裙摆束起提高，而是需要用高头履勾起裙脚以便行走、舞蹈。

①《旧唐书·音乐志第二·清乐》。

②《旧唐书·音乐志第二·立部伎》。

③ 日本天平胜宝四年（752年）在东大寺举行了大佛开眼供养法会，法会上伎乐演出所用的服装基本收藏于正仓院南仓之中。本文中所引奈良时代服饰文物均出自正仓院藏品。需注意的是，正仓院藏服饰的风格并不能完全等同、涵盖同时期唐土流行，多系日本摹仿唐制，往往是初唐至盛唐间不同时期唐朝流行服装元素的叠加混合；此外，法会伎乐演出服装在装饰细节与尺寸大小上也并不完全同于世俗装束。

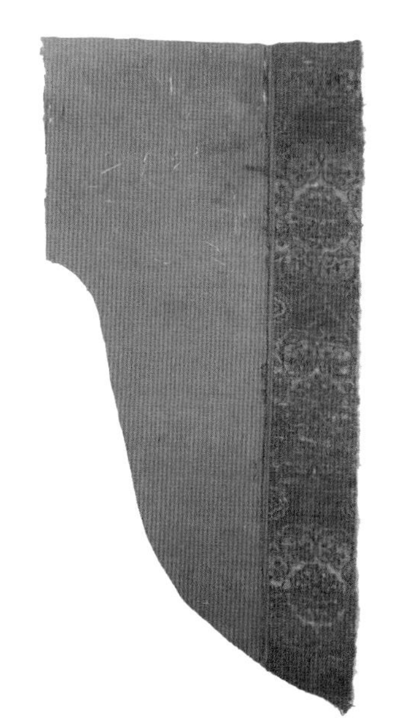

锦缘绫大袖

日本奈良正仓院南仓藏

奈良国立博物馆．正仓院展 · 第五十八回 [M]．奈良：奈良国立博物馆，1983．

昭容名婉儿，西台侍郎仪之孙。父廷芝，与仪死武后时。母郑方妊，梦巨人畀大称，曰：『持此称量天下。』昭容生逾月，母戏曰：『称量者岂尔耶？』辄哑然应。后内秉机政，符其梦云。自通天以来，内掌诰命。中宗立，进拜昭容。帝引名儒，赐宴赋诗，婉儿常代帝及后、长宁、安乐二公主，众篇并作，而采丽益新。又差第群臣所赋，赐金爵，故朝廷靡然成风。当时属辞大抵浮靡，然皆有可观，昭容力也。

——《唐诗纪事》

武则天时代

红粉衣冠 拜冕旒（miǎn liú）

回望历史，在很长一段时期内，女性总是承载着男性或“载道”或“言情”的诉求；她们的妆束时尚只是后宫内宅婉约的热闹，只是缺少自身故事的沉寂中那掷地有声的一点针响。然而，武则天所处的时代却是其中异数——女性参政极大地刺激、推动了妆束时尚的发展，女性变得更加具有自我意识，逐渐从过去所崇尚的“女为悦己者容”式的娇弱、纤巧，转向颀长健美、大胆奔放的“女为己悦者容”。

这一时期，可以被称为“武则天时代”。它包括武则天正式称帝、改国号为周、“女主临朝”的时期，还包括之前唐高宗朝武则天为皇后或太后，以及武则天退位后太平公主、上官婉儿、韦皇后等女性继续参政的时期，大约延续了半个世纪。当时的妆束风格也可根据这样的历史背景大致分为四段演进期。

贞观末年的女性形象

唐太宗贞观十七年（643年）长乐公主墓壁画／昭陵博物馆藏

昭陵博物馆．昭陵唐墓壁画[M]．北京：文物出版社，2006．

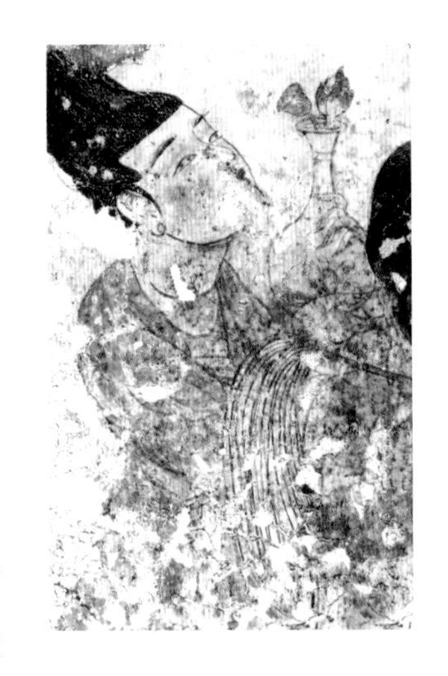

唐高宗执政时期（649—663年）

唐高宗即位初年，女子妆束风格仍延续着初唐贞观末年的风尚，身量纤长，小袖短衣之下是高束于胸的一围长裙，将身型曲线尽掩在长裙之中。与之配合的妆容却已一改初唐清丽之风，双目上下与面颊浓施红粉而不作晕染，变得艳丽的同时也略显诡异粗犷。大约正是不喜宫中后妃作如此呆板的妆束，唐高宗李治在永徽元年（650年）前往感业寺进香时，才会与在那里出家为尼、不作妆饰的唐太宗才人武则天重燃旧情。

高宗朝初年的女性形象

唐高宗永徽二年（651年）昭陵段简璧墓壁画／昭陵博物馆藏

昭陵博物馆．昭陵唐墓壁画[M]．北京：文物出版社，2006．

贞观末年的女性形象

唐太宗贞观二十一年（647年）昭陵李思摩墓壁画／昭陵博物馆藏

昭陵博物馆．昭陵唐墓壁画[M]．北京：文物出版社，2006．

随着永徽二年（651年）武则天再度入宫为高宗妃嫔，永徽六年（655年）正式被高宗封为皇后，宫廷女性的妆束风尚悄然改变。女子妆容再度变得秾淡合度，长眉纤纤，略施粉黛；间裙的裙条日益变细，但尚且不算夸张；此外又有以单色布幅裁成六片或八片拼合的宽片长裙，参照唐制记载名为“浑色裙”。浑色裙的色彩以石榴红最受喜爱——武则天在感业寺出家时，曾作情诗《如意娘》一首寄与唐高宗：

看朱成碧思纷纷，憔悴支离为忆君。
不信比来长下泪，开箱验取石榴裙。

尤为幸运的是，在阿斯塔那唐墓 214 号墓的考古发掘中，出土了一组基本保存完整的该时期女性服饰实物，比起色泽脱落的陶俑、线条模糊的壁画更加真切，使我们有了重现昔年美人映丽风姿的机会——据墓志可知，墓主为大唐西州岸头府果毅息张君之妻麹胜，逝于唐高宗麟德二年（665 年），年仅十八岁。佳人芳华短暂，衣装风貌却可以在复原之后再为今人所见：麹胜头戴以麻布塑形外贴裹发丝、饰彩绘云纹剪纸的义髻；身着浅褐宝花葡萄纹绮衣；所穿裙装尤见风致，内衬的是一腰葡萄石榴缬纹红裙，仿佛是据武则天诗文中那引得至尊天子回顾的石榴红裙裁出；外罩的则是一腰浅绛纱长裙，细细裁出长条纱料再加以拼缝，轻笼于红裙之上。纱料极轻薄，使原本色彩明丽的红裙晕染出轻柔娇美的娉婷韵致。

唐高宗麟德二年（665 年）新疆吐鲁番阿斯塔那 214 号墓／女墓主麴胜妆束形象

发式妆容：参考同墓出土女俑形象绘制
服饰：据出土服饰实物组合而成

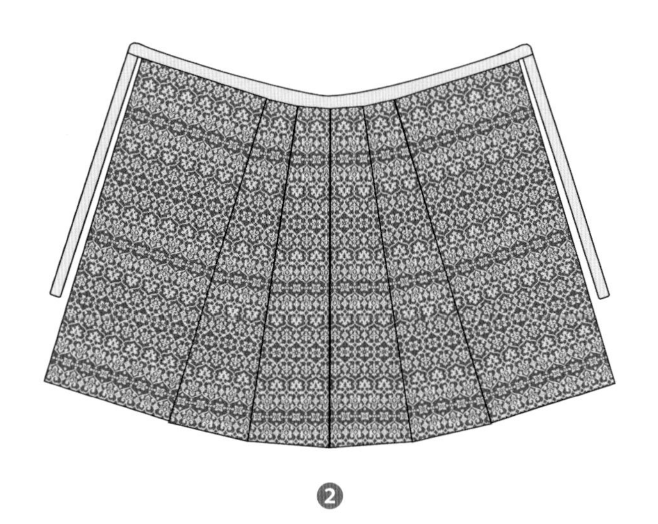

❷ 葡萄石榴纹缬红夹裙一腰：以素绢衬里，裙面染作暗红，显出交缠葡萄藤与石榴花组合纹样。中为上窄下宽相连的四幅，两侧各接一片正幅。虽出土时已裂为数片，但形制较为清晰，可作复原。裙腰带部分为后期推测补充

❶ 假髻一枚：以麻布为胎，顺贴真发于其上制成。外贴彩绘云形剪纸七朵。虽前端已残，但大致结构完好，可作推测复原

上衣已残，见有两端烟色花锦衣袖，领形不明，据同时期服饰式样补全

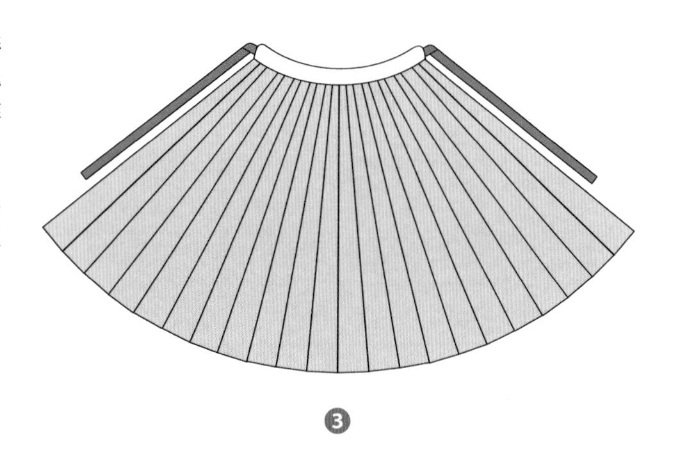

❸ 浅绛纱裙一腰：着于葡萄石榴缬纹红夹裙之外。以二十二片窄幅浅绛纱料拼缝而成，上缀素绢裙腰，裙腰两端缀深蓝纱裙带

二圣临朝时期（664—683 年）

因唐高宗患有风疾，时常头晕目眩难以处理政事，朝政大权逐渐掌握在身为皇后的武则天手中。自唐高宗麟德元年（664 年）开始，便是高宗视朝，武后垂帘于后，二人合称“二圣”。到了上元元年（674 年），高宗与武则天改称天皇、天后，正式落实了“二圣临朝”的制度。在此期间，女性妆束风格出现了较为明显的变化。

发式除了将原本流行的高髻进一步变高之外，又仿效起华丽柔美的南朝之风，在头顶梳起宽大的双鬟；淡作粉妆的面上还可装饰以小巧的花钿、面靥（yè）；女子身型逐渐变得更为挺拔丰盈，上衣

二圣临朝时期女性形象

唐高宗龙朔三年（663 年）新城长公主墓壁画

陕西省考古研究所 . 陕西新出土唐墓壁画 [M]. 重庆：重庆出版社，1998.

二圣临朝时期女性形象

唐高宗麟德二年（665年）韦贵妃墓壁画

陕西省考古研究院，昭陵博物馆．唐昭陵韦贵妃墓发掘报告[M]．北京：科学出版社，2017.

二圣临朝时期女性形象

唐高宗咸亨二年（671 年）燕妃墓壁画

昭陵博物馆．昭陵唐墓壁画 [M]．北京：文物出版社，2006.

领口常挖作弧形，穿着时衣襟在胸前围系形成圆领，或对襟作 ω 形。裙腰逐渐下移，直到发展为胸下高腰位置。帔帛端庄地披挂于两肩，仍延续着初唐式样。在中亚粟特地区撒马尔罕古城的考古发掘中，城中大使厅的那一面墙上绘有皇后时期的武则天与众宫人在盛开莲花的湖上乘龙舟游乐的情景，她们均作头梳双鬟、戴金花簪、着圆领上衣、系间色长裙的华丽打扮[①]。

阿斯塔那 29 号唐墓出土的唐高宗咸亨三年（672 年）《新妇为阿公录在生功德疏》文书中，详尽罗列了“新妇”所布施的两套完整女装的名目，可作对照组合：

① Arzhantseva, Irina, Olga Inevatkina. AFRASIAB WALL-PAINTINGS REVISITED: NEW DISCOVERIES TWENTY-FIVE YEARS OLD[J]. Rivista Degli Studi Orientali, vol. 78, 2006.

墨绿紬（chóu）绫裙一腰、紫黄罗间陌腹一腰、绯罗帔子一领、紫紬绫袄子一锦褾、五色绣鞋一量、墨绿紬绫襪一量锦靿（yào），右前件物布施见前大众；

紫绫夹裙一腰、绿绫夹帔子二领、肉色绫夹衫子一领，右件上物新妇为阿公布施。

文书中所谓“陌腹(袹複)”,旧注又有“袜肚”“腰巾”“腰彩”[①]等名，也是这一时期产生的新样裙装。它承袭自初唐式襦衣下围相连的一圈腰裳，进而独立成单独外系的短裙；如新城公主墓壁画中，便有在窣地长裙上另行围系一腰短裙的女子形象，甚至“陌腹”也有窄条间色式样。

至于这时的间裙，裙条已变得极细。同时期壁画形象中的间裙，往往是用四五十道细条接续拼缝，颇为费工，当时有着“七破间裙”“十二破间裙”等说法——正如现今纸张用“八开”“十六开”等说法来表示纸张大小。在整幅裙料宽度固定的前提下，破数越多，则裙的拼缝条越窄，如七破指破一幅为七道长条。若以唐代裙装常见用料六幅计算，则七破间裙是以四十二道长条拼缝。间裙的流行遍及四方，甚至当时童谣也称“红绿复裙长，千里万里犹香”。

奢侈的世风最终引起了朝廷的注意，唐高宗在永隆二年（681 年）的诏书中特别针对女子衣裙用料与式样加以申斥：“朕思还淳返朴，示天下以质素。如闻游手堕业，此类极多。时稍不丰，便致饥馑。其异色绫锦，并花间裙衣等，靡费既广，俱害女工。天后，我之匹敌，常著七破间裙，岂不知更有靡丽服饰，务遵节俭也。”[②]

① 马缟在《中华古今注》中称“袜肚”：“盖文王所制也，谓之腰巾，但以缯为之。宫女以彩为之，名曰腰彩。至汉武帝以四带，名曰袜肚。至灵帝赐宫人蹙金丝合胜袜肚，亦名齐裆。”附会时代不足取，但一番形容较近实际。

②《旧唐书 · 高宗本纪下》。《册府元龟》中亦录本条，题《捉搦服饰靡丽与厚葬敕》，其中“花间裙衣”作“竖间裙衣”。

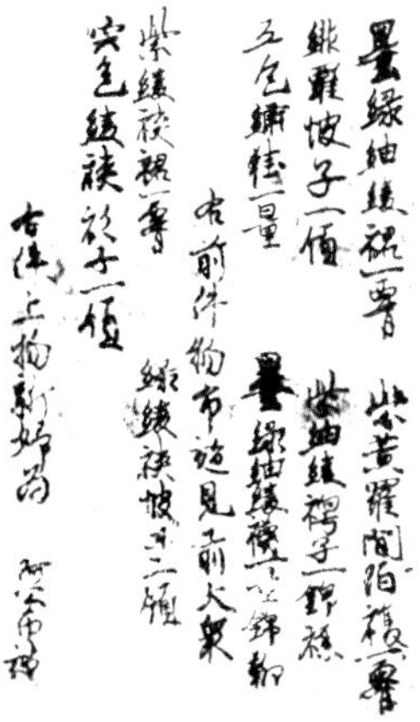
墨绿紬绫裙一腰 紫黄罗间陌腹一腰
绯罗帔子一领 紫紬绫袄子一锦褾
五色绣鞋一量 墨绿紬绫襪一量锦靿
右前件物布施见前大众
紫绫夹裙一腰 绿绫夹帔子二领
肉色绫夹衫子一领
右件上物新妇为阿公布施

《新妇为阿公录在生功德疏》

唐高宗咸亨三年（672年）新疆吐鲁番阿斯塔那29号墓出土

中国文物研究所，等．吐鲁番出土文书（三）[M]．北京：文物出版社，1996．

唐高宗咸亨三年（672 年）女性妆束形象

发式妆容：参考同时期木俑形象绘制

服饰：将《新妇为阿公录在生功德疏》记载与同时期壁画形象组合而成

❶ 上着弧领对襟式袄子，下着墨绿紬绫裙，外系紫黄罗间陌腹，肩搭绯罗帔子，足穿五色绣鞋

❷ 上着肉色绫夹衫子，下着紫绫夹裙，肩搭绿绫夹帔子

二圣临朝时期女性形象

唐高宗上元二年（675 年）
李凤墓壁画

申秦雁．神韵与辉煌：陕西历史博物馆国宝鉴赏·唐墓壁画卷 [M]．西安：三秦出版社，2006．

龙舟中的武则天与众宫人

约 677 年 / 撒马尔罕古城大使厅壁画

这类华丽间裙的实物有新疆阿斯塔那213号墓出土的一腰紫黄二色绢拼缝的间裙[①]。而从日本正仓院藏奈良时期古代纺织品残片中揭取出的两腰以多色裙条拼缝而成的间裙，或许便是唐人所谓的“花间裙”；这类裙装都采用双面式设计，其中保存较为完好的一腰，一面是以深浅两色的红絁拼接，一面用绿绮、紫绫、红蜡缬絁三色细条相间拼缝，裙带用红絁；另外残缺较多的一腰则是一面为红绞缬絁与黄絁相间，一面为紫绫与绿绞缬絁拼缝，裙带用绿絁。日本奈良时期的贵族积极仿效唐朝制度，贵族女性的礼

① 实物为夹裙，面以黄紫二色拼缝，米色素绢衬里。因残损较多、形制不明，这里未作复原推测。

绿绮紫绫红蜡缬絁间缝、深浅红絁间缝双面裙（上）；紫绫绿绞缬絁间缝、黄絁红绞缬絁间缝双面裙（下）

日本奈良正仓院南仓藏

正仓院事务所．正仓院宝物：宫内厅藏版·南仓（二）[M]．东京：每日新闻社，1994．

白绢背子

新疆吐鲁番阿斯塔那232号墓原件为白绢正裁，左襟保存完整，衣襟缘边缀有系带，右襟已残

本书作者补绘

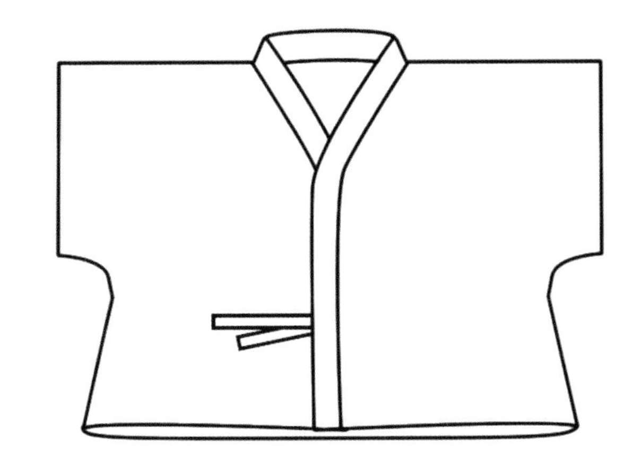

服也参考了唐朝女服的流行式样，甚至当时服饰制度中也有了“苏方深浅紫绿缬裙”“苏方浅紫深浅绿缬裙”等名目[①]。

在较为正式的场合，还会在长袖上衣外另穿一件短袖或无袖的上衣“背子”。传说这种衣式始于隋朝，如马缟《中华古今注》中所述：“隋大业末，炀帝赐宫人、百官母妻等绯罗蹙金飞凤背子，以为朝服及礼见宾客、舅姑之常服也。”唐高宗时期以来，背子变得愈加常见。背子既可随上衣一并束入裙内，又可将下摆直接松敞在外。新疆吐鲁番阿斯塔那232号墓中出土的一领白绢背子，是以整幅宽度的白绢对折正裁出领口与袖口再缝合成衣。

① 《养老律令·令第七·衣服令》。日本大宝元年（701年）制定完成《大宝律令》，养老二年（718年）又在此基础上参照唐《永徽令》编撰完成《养老律令》，其中包括详细规定贵族阶层服制的《衣服令》。

武则天执政时期（684—705年）

高宗死后，武则天成为太后，前后废立睿宗、中宗，已实质上掌握了朝政大权。在女性当权的背景下，这时的女性妆束也向着秾丽大胆的风格发展。

在以唐王朝官方名义赠与去世高官贵族的随葬品中，常有做时装打扮的侍女与伎乐人俑。如蒙古发掘葬于唐高宗仪凤三年（678 年）的突厥贵族仆固乙突墓、新疆阿斯塔那发掘葬于唐睿宗永昌元年（689 年）的永安太郡君麹氏夫人与早亡丈夫张雄的合葬墓[1]、甘肃武威发掘葬于武周天授二年（691 年）的慕容智墓中，均出土了这类制作于长安、以泥头木身雕塑为人形，再穿上缩小版丝绸衣物的俑像。根据麹氏夫人的随葬俑像，能够直观推想武则天为太后时期长安城中女子的流行妆束：她们均头梳如惊鸿掠起翅翼般的高髻；厚施红粉的面上，双眉画得浓而黑，朱唇两畔各点一粒黑色面靥，额间花钿与脸畔斜红变得夸张艳丽；帔帛的一端可掖入领口或裙腰，另一端披垂于臂；宽片拼缝的单色长裙与窄条间裙仍旧流行，更有女俑是在红黄二色间裙外另系一腰天青色薄纱制作的笼裙，可知当时依然流行将轻纱薄罗制作的笼裙罩在以厚实织物制作的窄条间色裙外。

① 麹氏为高昌王族后人，嫁勋贵张雄为妻。入唐后张雄早死，麹氏被封为永安太郡君，卒于唐垂拱四年（688年），唐永昌元年（689年）与夫合葬。这组俑像应为其间唐长安官方所赐随葬品。
新疆维吾尔自治区博物馆，西北大学历史系考古专业．1973 年吐鲁番阿斯塔那古墓群发掘简报 [J]. 文物 ,1975, (7) .

武则天执政时期女性形象
唐睿宗永昌元年（689 年）
新疆吐鲁番阿斯塔那 / 张雄麹氏夫妇合葬墓（206号墓）出土

① 唐长孺，国家文物事业管理局古文献研究室．吐鲁番出土文书 [M]. 北京：文物出版社，1983.

②《游仙窟》在中土久已失传，但因唐时即流传至日本，近世得以抄录回国。其作者日本抄本署作宁州襄乐县尉张文成，经学者考证应为唐人张鷟。

③ 原书已佚，本条为《倭名类聚抄》所引。《倭名类聚抄》是日本平安时期由源顺编撰，约成书于承平四年（934 年）的一部辞书。

这些着衣俑像的臂膀由废纸撕作条状捻成，其中部分纸文书经拼合整理，还原出长安城新昌坊中一家质库的账历文书，其中录有大量当时长安百姓典当衣物的记录[1]，这些记载清晰披露出当时各种女性服装之名，恰可作为俑像衣物的参照：

白小绫领巾；白小绫衫子；紫小绫袷（jiá）帔子；故缦紫红小缬夹裙；故檀碧小绫陌腹一；故蓝小绫夹裙；故绯小绫夹裙一；故白小绫夹袴一；故绯罗领巾一；白绢衫子；破缦青单裙替衫去。

在大约作于高宗永隆元年至中宗嗣圣元年间（680—684年）的唐人小说《游仙窟》[2]中，作者以诗笔为当时的女儿妆束补充了唯美的细节：

迎风帔子郁金香，照日裙裾石榴色。
织成锦袖麒麟儿，刺绣裙腰鹦鹉子。
红衫窄裹小缬臂，绿袜帖乱细缠腰。
罗衣熠耀，似彩凤之翔云；
锦袖分披，若青鸾之映水。
自与十娘施绫帔，解罗裙，脱红衫，去绿袜。

武则天执政时期女性形象

中亚片治肯特粟特遗址鲁斯塔姆厅壁画

宿白．西安地区唐墓壁画的布局和内容[J]．考古学报，1982，(2)．

奢侈的妆束风尚愈演愈烈，女性的背子也从原本偶尔使用珍贵的织锦缘边，变作整体都以织锦裁制。这一时尚遍及东西方，如中亚片治肯特粟特遗址鲁斯塔姆厅壁画所绘唐装女像，便穿着一领锦背子。参照后来流传于日本奈良朝养老年间（717—724年）、学习唐人语言的辞书《杨氏汉语抄》中所记，当时奈良贵族描述“背子”为“妇人表衣，以锦为之”。[3]

武则天时代女性妆束形象

参考同时期壁画形象与《游仙窟》诗中所记女性形象绘制

发式妆容：头梳双鬟望仙髻，面绘花钿、斜红、靥子

服饰：上着绿袜、麒麟织成的锦绣红衫，下着鹦鹉刺绣裙腰石榴红裙，肩搭郁金色帔子

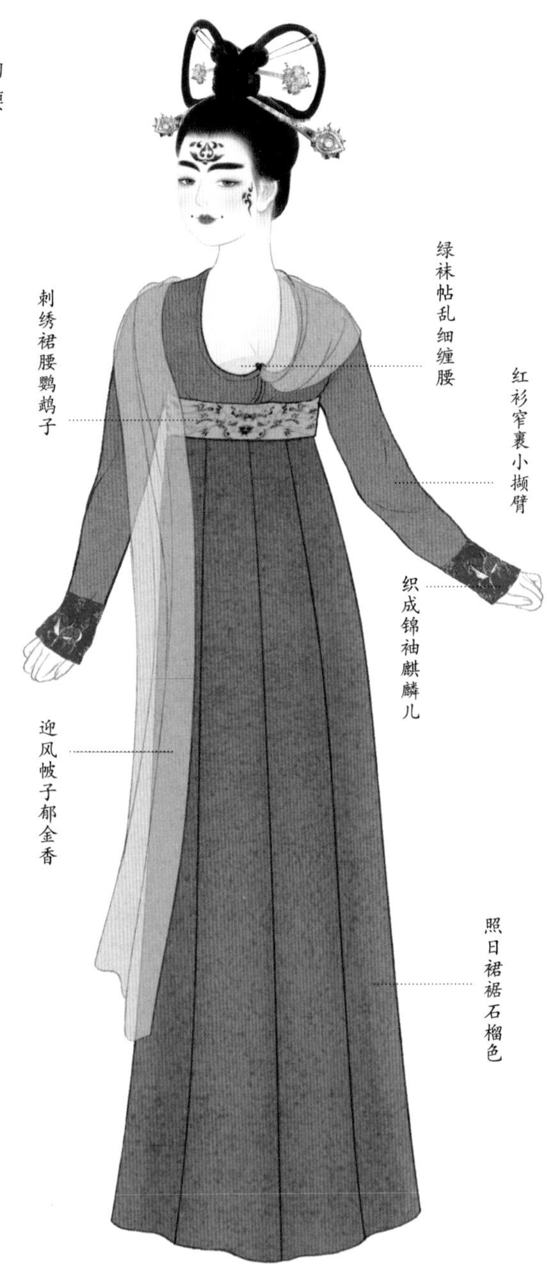

唐睿宗永昌元年（689 年）女性妆束形象

均据阿斯塔那张雄麹氏夫妇墓出土女俑

发式妆容：发髻各异，有交心、漆鬟、惊鹄等髻式。面上绘各式花钿、斜红、靥子

服饰：

❶ 上着绿衫子、联珠纹锦背子，下着红黄间裙、天青纱裙，肩搭绿帔子

❶

❷ 上着弧领式绿衫子，下着红黄间裙，肩搭绯罗帔子

❸ 上着 V 领式黄衫子，下着朱裙，肩搭绿罗帔子

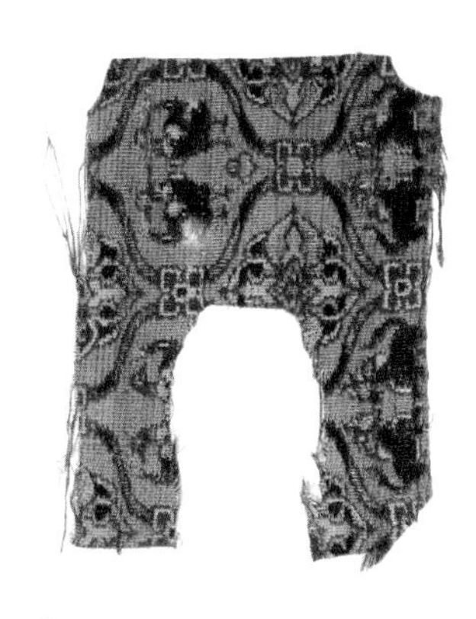

各式锦背子（俑衣）

永昌元年（689年）
新疆吐鲁番阿斯塔那/张雄麴氏夫妇合葬墓（206号墓）出土

麴氏夫人墓中随葬女俑身上拆下的衣物虽缝制粗糙，但已能清晰展现出这种锦背子的制作方式：衣身以整幅锦料不做中缝地对折，两侧留出袖口修出身型，领口挖出直领、弧领等领型。

日本奈良正仓院收藏的几件背子实物反映出更多制作细节：待衣身制好，还可另附领缘、短袖、镶边。如一件赤地锦为表、黄絁为里、紫地锦做缘边的无袖短衣，前身墨书“东大寺、前吴女、六年”，是天平时代大佛开眼法会上伎人扮演女性角色“吴女”时穿着的演出服装之一，式样类似武则天时代女子日常所用的背子。此外又有数件较为残缺的短袖锦衣，下无缘边[腰襕(lán)]或只接短缘，大约也是背子之类。

在载初元年（690年）武则天改唐为周、正式称帝之后，女子妆束变得愈加自信从容。如山西太原出土武周圣历三年（700年）郭行墓壁画中的侍女，她们的上衫领口或是做开得很低的弧领，或是直接做直领对襟，雪胸仅用裙腰半掩，有时上衣甚至不系入裙中，而是在胸前松敞开来，呈现酥胸半露之态。类似的衣装风格在8世纪初颇为流行，广泛见于当时的墓葬壁画之中。

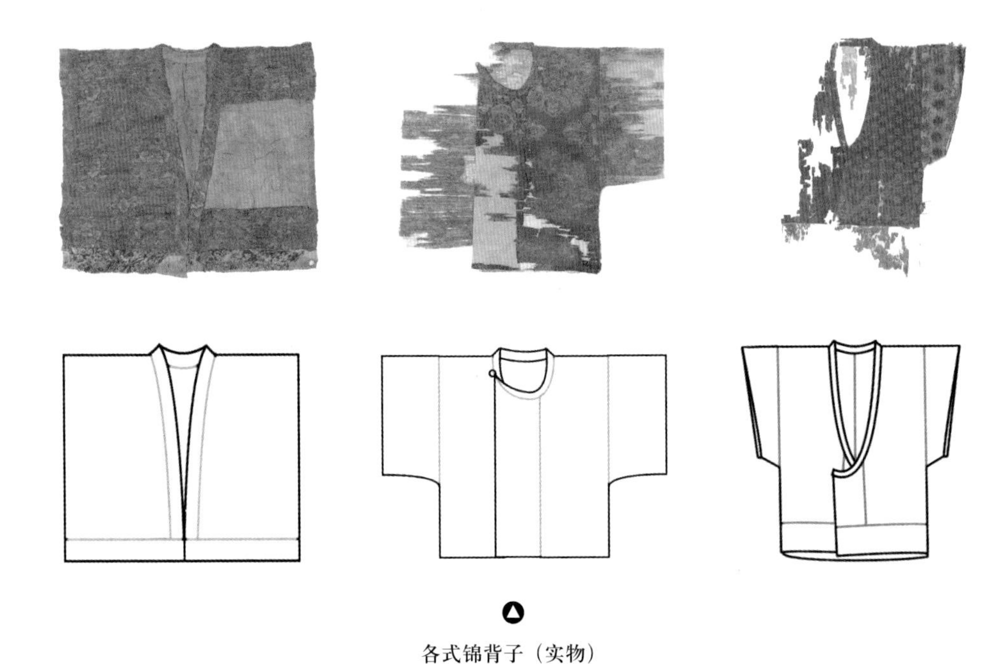

各式锦背子（实物）

日本奈良正仓院南仓藏

正仓院事务所．正仓院宝物：宫内厅藏版·南仓（二）[M]．东京：每日新闻社，1994．

线图为本书作者所绘

武则天执政时期大胆的穿衣风格

山西太原武周圣历三年（700年）郭行墓壁画

山西省考古研究院，太原市文物考古研究所．山西太原唐代郭行墓发掘简报[J]．考古与文物，2020，(5)．

武则天执政时期大胆的穿衣风格

约8世纪初／山西太原诸唐墓壁画

从左至右：山西省考古研究所.太原市南郊唐代壁画墓清理简报[J].文物，1988，(12)；太原市文物考古研究所.山西太原晋源镇三座唐壁画墓[J].文物，2010，(7)；山西文物管理委员会.太原南郊金胜村唐墓[J].考古，1959，(9).

虽在高宗朝末年就已有了朝廷规范，又有武则天穿着简朴服饰以身作则，但一众贵妇人于服饰上的爱美与攀比之心却难以消歇。于是在该时期的女性形象中可以见到一种欲盖弥彰的衣物穿着方式：她们用宽大的帔帛绕在胸间，将华丽的织锦背子盖住，在间裙外也另罩上单色长裙进行掩饰。

需特别注意的是，这类用作罩裙的长裙不同于前代的单片长裙，多是在身侧开衩的套穿式样，围合于腰际时在胯部两侧用束带系连，时常能露出一角内穿的窄条间裙；阔大的裤脚散开如裙一般，是一种罩在裙外的“裙袴”（裙式裤装）；为便于将间裙罩在其中，身际不开裤腿，而是作裙幅相连、中压褶裥（jiǎn）的状态。这种裙袴长度及足，当裙脚由高台履挑起时，偶尔也会露出内部间裙。

新疆阿斯塔那唐墓出土一组武周年间绘制的舞乐美人图屏[①]，其中保存最好的一扇舞伎像，上着朱罗小袖衫，罩宝花卷草纹背子，下罩袴式长裙，裙脚由高头履高高挑起；帔帛一端掖入微露的雪胸间，一端由手轻执舞动。这正彰显着武周时代女子姿丰容艳、秀色明丽的风貌。

① 该组屏风出土于新疆吐鲁番阿斯塔那230号墓，墓主张礼臣葬于武周长安二年（702年）。屏风原为六扇联屏，保存最好的一扇舞伎除右手与帔子残损，基本完好。与其相对而立的舞伎仅存双履。今据粉本近似的永泰公主墓石椁线刻美人像补全图像。

金维诺，卫边．唐代西州墓中的绢画[J].文物，1975，(10).

武则天执政时期女性形象

西安市长安区西兆村16号墓壁画

程旭.长安地区新发现的唐墓壁画[J].文物，2014，(12).

▶

武则天执政时期女性妆束形象

发式、妆容、服饰均参考阿斯塔那唐墓舞乐图屏风绢画、懿德太子墓壁画形象。上着绯罗衫子、卷草宝花纹锦背子，下着红裙，肩披黄帔子

◀

武则天执政时期女性形象

唐睿宗垂拱四年（689 年）

新疆吐鲁番阿斯塔那张礼臣墓（230 号墓）出土／舞乐图绢画屏风

本书作者补绘

女性参政时期（706—712 年）

随着神龙元年（705年）武则天退位、唐中宗复位为帝，女主时代宣告终结。然而经历了武周朝影响，这一时期的贵族女性仍旧保留着浓厚的参政热情。以韦皇后、太平公主、上官婉儿等为代表的积极参与朝堂政事的贵族女性群体，继续引领着女性妆束时尚。

其中武则天的儿媳、唐中宗皇后韦氏积极模仿武周旧制，甚至大胆地在女性服装中采用男子在朝堂甚至祭祀大典上的冠服元素。如陕西汉唐石刻博物馆藏有一方线刻“大唐皇帝皇后供养”图像的石经幢，经考证，图中帝后应为唐中宗与韦皇后[①]。韦后头顶装饰犹如帝王冕冠般的垂珠冕旒式挂饰，身上服装也装饰帝王冕服所用的日月、飞龙等章纹。其余如韦后爱子懿德太子，小妹十三娘、十七娘墓中出土的石椁上，也刻有头戴类似男性官员所用进贤冠（文官用冠）、鹖（hé）冠（武官用冠）、进德冠（贵臣用冠）等礼制式冠的华服女官形象。

① 高玉书．唐皇帝皇后供养经幢构件解读 [J]. 收藏界，2016,（3）.

唐中宗时期女性礼服盛装形象

陕西汉唐石刻博物馆藏石经幢线刻；懿德太子墓石椁线刻；韦十三妹、十七妹石椁线刻

本书作者改绘自：（左）高玉书．唐皇帝皇后供养经幢构件解读[J]．收藏界，2016，（3）；（中）作者取自拓片；（右）中国陕西省考古研究院，德国美因茨罗马—日耳曼中央博物馆．唐李倕墓：考古发掘、保护修复研究报告[M]．北京：科学出版社，2018．

① 《旧唐书·五行志》。

② 《朝野佥载》。

裙袴持续流行的同时，再度出现将间色裙装显露在外的女装形象，间裙裙条之上往往还另行剪贴缀饰花鸟云纹。最华丽的两腰裙装见于史载——唐中宗爱女安乐公主下嫁武则天侄孙武延秀时，蜀地曾献上一腰“单丝碧罗笼裙”，其上以细如丝发的金缕绣出精巧的花鸟，这些裙上的小鸟“大如黍米，眼鼻嘴甲俱成，明目者方见之”。安乐公主更命宫中尚方以百鸟羽毛织成“百鸟毛裙”，“正看为一色，旁看为一色，日中为一色，影中为一色，百鸟之状，并见裙中”[1]。

此后追逐时尚的女子竞相仿效，寻找珍异材料制作各种绮丽锦绣衣裙，甚至出现“山林奇禽异兽，搜山荡谷，扫地无遗”的情形[2]。然而大抵是“花开花落不长久”，一场轰轰烈烈的女性妆束时尚潮流随着韦皇后、上官婉儿、太平公主等相继被诛而渐有消歇之势。失了根本，满地落红终将归于沉寂——唐玄宗于开元二年（714年）下令，将宫中所存前代锦绣衣物全部运至殿前，付之一炬。

▲

女性参政时期大胆的穿衣风格

约8世纪初／韦顼墓石椁线刻

本书作者自拓片取样

▼ ▶

唐中宗时期女性形象

唐中宗神龙二年（706年）

永泰公主墓石椁线刻；章怀太子墓石椁线刻

本书作者改绘自：樊英峰，王双怀．线条艺术的遗产：唐乾陵陪葬墓石椁线刻画[M]．北京：文物出版社，2013．

太真姿质丰艳，善歌舞，通音律，智算过人。每倩盼承迎，动移上意。宫中呼为『娘子』，礼数实同皇后……及潼关失守，从幸至马嵬……与妃诏，遂缢死于佛室。时年三十八，瘗于驿西道侧。上皇自蜀还……密令中使改葬于他所。初瘗时以紫褥裹之，肌肤已坏，而香囊仍在。内官以献，上皇视之凄惋，乃令图其形于别殿，朝夕视之。

——《旧唐书·杨贵妃传》

盛唐 云想衣裳花想容

近人提起唐朝女性，往往用“以胖为美”来概括她们的形象。这其实是一种片面的刻板印象。唐女的姿容，在经历了初唐风格的纤秀清俊、武周风格的颀长明艳之后，才迎来了盛唐玄宗一朝对丰腴圆柔的好尚。

究其缘故，需要结合具体的历史背景来看——随着武则天统治的女主时代过去，皇室群媛只得再度将注意力从朝堂转向了后宅。哪怕她们马上英姿依旧，可自从朝堂上的女性身影逐渐隐去，武周式的明艳态度与颀长健美就不再独擅胜场：一面是为了迎合男子的欣赏，越发表现出娇盼温柔的态度；一面是盛世背景下胡食大为流行，却“饱食终日无所用心”，贵族女子的身型自然也就日趋丰腴。如此对照看来，从武则天时代到盛唐，女子妆束有着由外放逐渐转向内敛的趋势。

天下女子的妆束好尚亦对皇室审美喜好亦步亦趋，但这种喜好并非随着朝代与帝王年号更替而立刻变易，而是一段脉络清晰的、渐进式的时尚演变过程。

开元初期（713—725 年）

初即位的唐玄宗厉行节俭，甚至不惜先拿后宫开刀，寻出宫中的珍奇衣物焚烧于殿前，禁止后妃服珠玉锦绣；紧接着又要求天下百姓将旧有的锦绣染黑，不许再制作珠玉首饰、锦绣衣物，甚至官营的织锦坊也被关停[①]。在这样的历史背景之下，女子的妆束风格发展略显停滞，过去张扬华丽的衣裙时尚也有所收敛。

开元初的十几年间，女子身型仍接近武则天时代风貌，以肌肤白皙、身材颀长为美，如开元十三年（725年）玄宗命高力士为太子忠王李亨选妃，标准仍是“细长洁白”[②]。妆束风格与前一时期相比变化不大，女子头上或挽团形小髻，或另饰如惊鹄翅翼般高耸的义髻；面上花钿变得愈加小巧；着微露雪胸的弧领式窄袖上衣，细条间裙或是显露在外，或是藏在单色袴裙之内；腰上也可另系陌腹。

①《资治通鉴·唐纪》：上以风俗奢靡，秋七月乙未，制：“乘舆服御、金银器玩，宜令有司销毁，以供军国之用；其珠玉、锦绣，焚于殿前；后妃以下，皆毋得服珠玉锦绣。”戊戌，敕：“……妇人服饰从其夫、子。其旧成锦绣，听染为皂。自今天下更毋得采珠玉、织锦绣等物，违者杖一百，工人减一等。罢两京织锦坊。”

②《次柳氏旧闻》：（玄宗）诏力士下京兆尹，亟选人间女子细长洁白者五人，将以赐太子……得三人，乃以赐太子。《旧唐书》列传第二《肃宗敬皇后吴氏传》：开元十三年（725 年），玄宗幸忠王邸，见王服御萧然，傍无媵侍，命将军高力士选掖庭宫人以赐之，而吴后在籍中……明年生代宗皇帝。《旧唐书》中开元十三年原写作二十三年，然吴后生代宗于开元十四年，则此应作开元十三年。

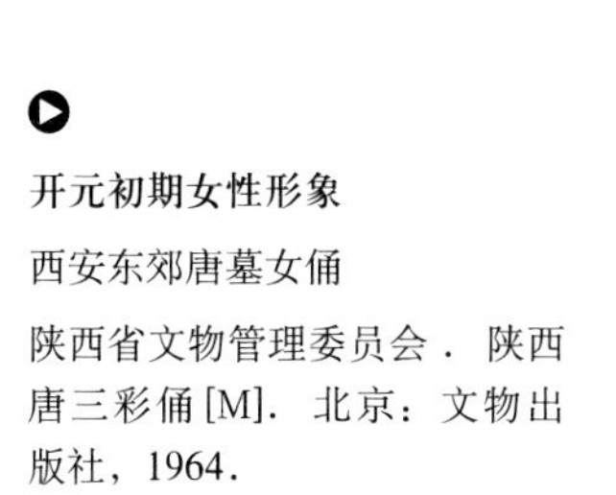

开元初期女性形象

西安东郊唐墓女俑

陕西省文物管理委员会．陕西唐三彩俑[M]．北京：文物出版社，1964．

开元初期女性形象

陕西凤翔县雍兴路唐墓女俑

陕西省文物局．周秦故里青铜之乡：宝鸡博物馆漫步[M]．西安：陕西旅游出版社，2013.

对照同时期染织丝绸实物，可知在华丽织锦、刺绣被明令禁止的背景之下，人们改用绘画或印染等方式，在丝绸上制作出同样绚丽的图纹。传说当时玄宗命后宫女子使用直接绘制纹样的帔帛，名为"画帛"[①]；还有一种特殊的染色工艺"夹缬"在此时创制，据说是玄宗柳婕好之妹发明[②]，方式是以二板镂出同样的图案花纹，将丝绸夹在其中加以染制；又可施以二三重染色，染毕解板，花纹左右相对，色彩多样，不逊织锦，且质地轻薄。

女子的衣饰细节也丝毫不减工巧，如日本奈良法隆寺收藏的伎乐装束残片中，修复者整理出了一件"裳"的残件。[③]"裳"即是裙的雅称，这件裙装是奈良时代戏剧演出人员在寺院礼佛剧目中表演"吴女"角色的戏装，在同一段裙腰下接缝长短两层裙装。这种搭配方式继承自初唐，但具体细节仍展现出了不少武周至盛唐以来的演变——在下的长裙使用传

①《中华古今注》：开元中，诏令二十七世妇，及宝林、御女、良人等寻常宴、参、侍，令披画帛，至今然矣。

②《唐语林·贤媛》：玄宗柳婕妤，有才学，上甚重之。婕妤妹适赵氏，性巧慧，因使工镂板为杂花象之，而为夹缬。因婕妤生日，献王皇后一匹。上见而赏之，因敕宫中依样制之。当时甚秘，后渐出，遍于天下，乃为至贱所服。按王皇后废位于开元十二年，夹缬工艺发明当在此之前。

③ 三田觉之．法隆寺献纳宝物 裳と袍の本格修理と复原模造制作について[J]．MUSEUM，2022.

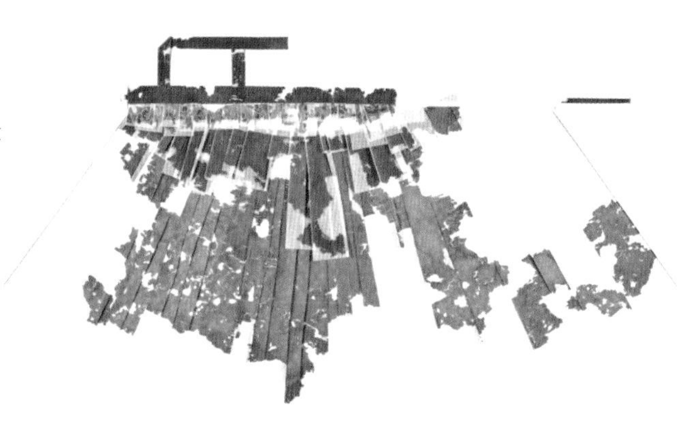

伎乐装束用裳

约 8 世纪前期 / 日本奈良法隆寺藏，东京国立博物馆出陈

统的绞缬工艺染出绿底黄花，裙式采用了武周以来才逐渐流行的在裙上加褶的方式；其上的短裙还是多片拼缝、不加打褶的旧样，但用料则采用了来自唐土新潮的绞缬染色工艺，染出红底、红绿花枝与蓝色瑞云组成的规整图样。类似的搭配方式，也依旧见于山西开元九年（721 年）唐代薛儆墓石椁线刻上。此外法隆寺裙实物还提供了一处极精巧的细节：大约是两层裙叠穿过重，为防止裙身滑脱，在裙腰上还加装了背带。类似的做法也能与陕西凤翔雍兴

开元初期女性形象

唐玄宗开元九年 (721 年) 薛儆墓石椁线刻

山西省考古研究所 . 唐代薛儆墓发掘报告 [M]. 北京：科学出版社，2000.

路唐墓出土开元初期的女性俑像对看。另新疆吐鲁番阿斯塔那 188 号墓中出土了一组基本完好的女性服饰。由墓志可知，墓主麹娘，字仙妃，为大唐昭武校尉沙洲子亭镇将张公夫人，卒于唐玄宗开元三年（715 年）。麹娘所着服饰除上衣与帔子未见整理，其余部分保存均较为完整：头顶义髻用两层麻布做胎，敷粘发丝于上挽成；上身着一领橙红缘边的彩绘朱雀鸳鸯白绫背子，下身着一腰宝花缬纹浅绛纱裙；足穿一双彩绘云霞紫绮笏头履。

墓志文记载麹娘生平，提到多处生活剪影——“晨摇彩笔，鹤态生于绿笺；晚弄琼梭，鸳纹出于红缕”“裂素图巧，飞梭阐功”，她是习于绘事与染织的女子，除同墓中所出八扇牧马图屏风已见她画技高妙外，她身上所着衣裙的诸般花样也极可能是亲自设计。哪怕亲人对她的追怀已一点点黯做文字里无法排遣的沉重，可麹娘的一脉幽情却能凭丝绢留存至今。若以此论，千载之下仍令人动容。

数年过去，大约朝廷禁令有所松弛，大唐女子的妆束时尚又是一番新貌：织物方面出现了直接以织造方式制出带有晕染效果的彩色细长竖纹的“晕繝（jiàn）”，可用以制作裤装，也可制作间裙。它省略了原先间裙烦琐的窄条拼缝工艺，直接以宽片拼缝，却能显出窄间色纹——如吐鲁番阿斯塔那北区 105 号墓出土的一腰八彩织金晕繝裙，裙料以八色丝线织出条纹，上又以金色丝线显出四瓣小花[①]。由同墓出土文书可以推知，这座墓葬年代大约在开元九年（721 年）后不久。墓中还出土了保存基本完好的花缬纹橙色帔子、狩猎纹绿纱裙片，虽并不算完整，但可参照同时期形象加以推测组合复原。

① 新疆维吾尔自治区博物馆出土文物展览工作组．“丝绸之路”上新发现的汉唐织物[J]. 文物，1972，(3).

白花缬绿绢裙（俑衣）

新疆吐鲁番阿斯塔那 187 号墓出土

唐玄宗开元三年（715 年）/ 新疆吐鲁番阿斯塔那 188 号墓墓主麴仙妃妆束形象

发式妆容：参考同墓出土女俑形象绘制

服饰：据出土服饰实物组合而成

❶ 义髻一枚：以两层麻布做胎、毛发敷粘其上，挽成发髻

❶

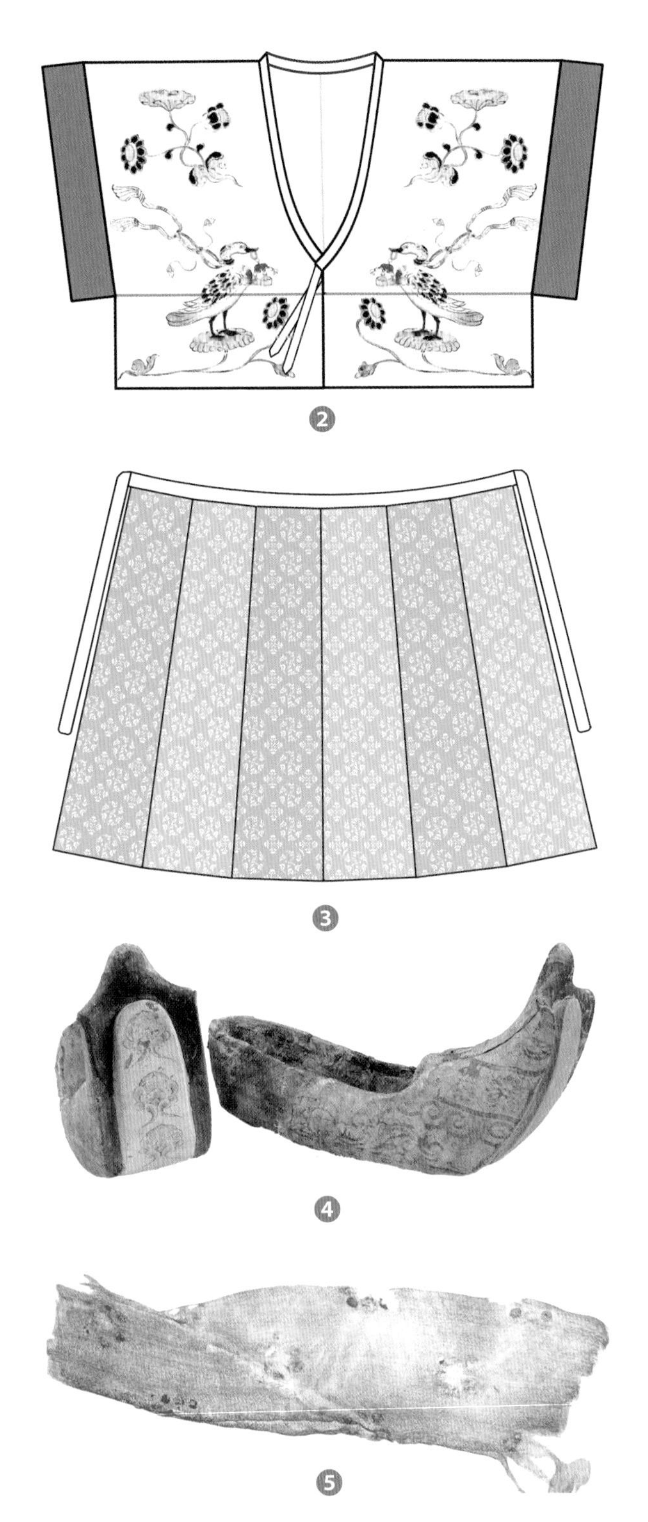

上衣已残，式样不明，领型可参照其外所穿背子式样

❷ 彩绘朱雀鸳鸯纹白绫背子一领：已残为两片，但基本结构完好，可作整合推测。背子纹样为手工彩绘，正面两襟各立一对衔绶鸳鸯与各式卷草花叶；背子背面为对立的一对衔绶朱雀，残甚。两襟领端各留有系带以便系结

❸ 宝花缬纹浅绛纱裙一腰：以上窄下宽的六幅纱料拼接而成

❹ 彩绘云霞紫绮笏头履一双：保存完好，以木为胎，麻布里，紫绮面。翘头面上绘三朵祥云

❺ 敷金绘彩青纱帔子一领：因本墓记录中暂未见实用帔子，本处暂参考同墓出土着衣女俑所着帔子补全复原。本条帔子以材质纤细、密度稀疏的青色轻纱裁制，面上以深浅紫、深浅红、鹅黄、白色绘出圆点与菱形点组成花形，又以泥金绘作花蕊

约唐玄宗开元九年（721年）
新疆吐鲁番阿斯塔那105号墓女墓主妆束形象

发式妆容：参考同时期长安流行妆束绘制

服饰：因衣物残损严重，考古发掘者只提取了部分样本。除晕繝裙残片结构稍完整外，其余部分仅能据裁片、缝线结构作大致推测。但花缬橙帔子形制保存完好

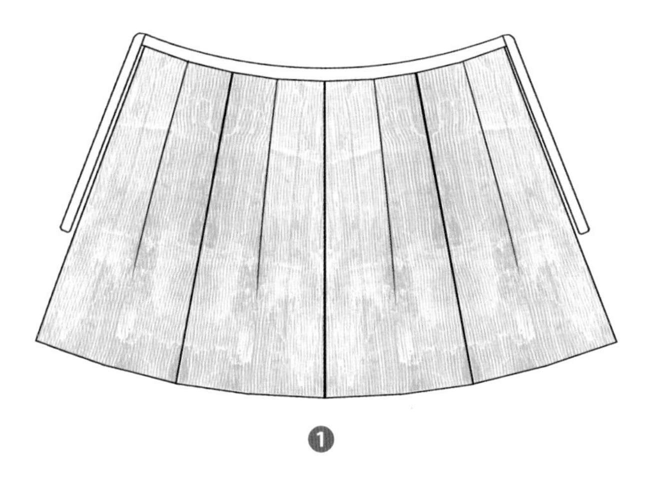

❶

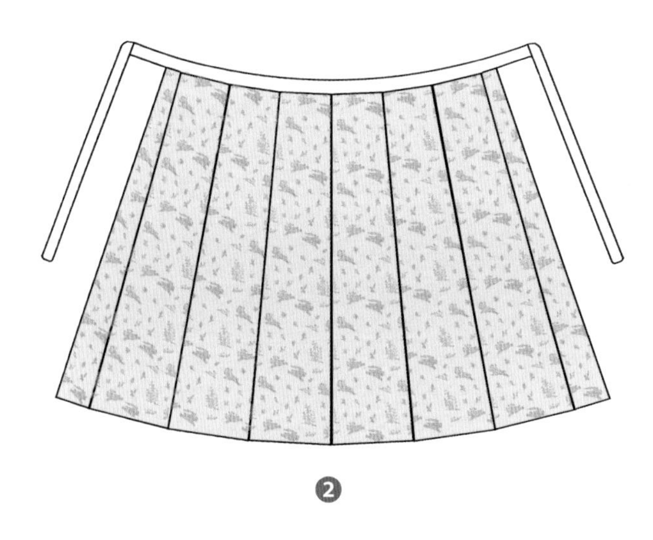

❷

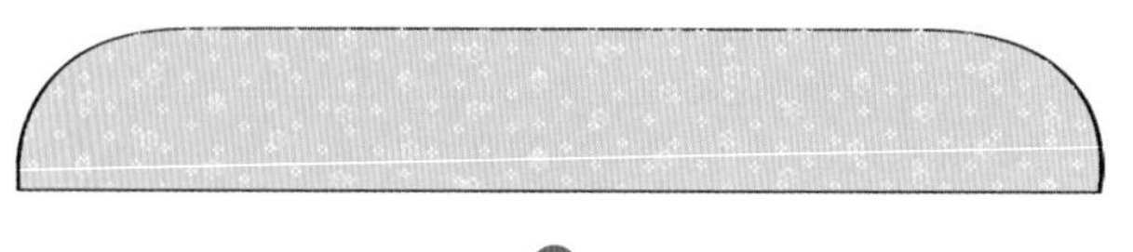

❸

❶ 八彩织金晕繝裙一腰：裙料以深浅绿、深浅蓝、深浅红、黄、白八色织出三组晕繝，其上显出金色四瓣小花。四幅裙片拼接成裙，裙腰处每幅各收一褶，形成上窄下宽的式样

❷ 狩猎纹缬绿纱裙一腰：裙片残甚，有部分带有拼缝线的残片，可对式样作大致推测

❸ 套色花纹缬黄绢帔子一领：保存较完整，纹样为浅黄六瓣花与白色四瓣花组合交错

开元中期（726—735年）

经过玄宗多年的励精图治，迎来了大唐国力富强的“开元全盛世”。开元中期以来，女子身型渐显丰腴，但仍以秾纤合度为好尚。

她们具体的妆束多有变动：脸畔鬓发被整齐地梳起并虚虚撑宽，发髻结在额顶呈低垂之状，应是当时流行的“倭堕髻”；妆面柔美，眼角淡淡晕开红粉，大约是唐人记载中所谓的“桃花妆”；额间脸畔又施以秾丽的花钿与斜红。

哪怕有天下不得织锦的禁令在，开元时尚女性仍大胆地阳奉阴违，将织锦裁制、质地硬挺的背子藏入外衣之下，在两肩衬起宽阔的轮廓；这时流行的长裙多用单色裙片拼缝，裙片上端略加收褶，穿着时裙带高束于胸间，呈现裙身中部蓬起、裙裾自然收缩的状态。

开元中期女性形象

陕西西安中堡村唐墓、西安西郊唐墓女俑

陕西省文物管理委员会．陕西唐三彩俑［M］．北京：文物出版社，1964．

新疆吐鲁番阿斯塔那唐墓出土、约绘制于开元中期的几扇美人绢画屏风将当时的女子妆束时尚显示得最为清晰。虽屏风出土时已残碎成无规律的数片，却仍可大致拼合出几个完整的故事场景：一扇屏风为游春图景，一树盛开的杏花之下，一位青衣紫裙的美人由男装少女搀扶，面上贴花子，绘斜红；衣裙撒有各式折枝小花草，纹样大约反映着方始流行但尚不繁复的新巧夹缬工艺；另一绿衣红裙者手执团扇紧随其后。而另一扇屏风上为梳妆情景，梳妆美人已残缺，左侧有一男装少女作捧镜状、一红衣妇人手执一朵装饰金钿的假髻。

开元中期女性形象

新疆吐鲁番阿斯塔那唐墓美人绢画屏风／印度德里博物馆藏

本书作者补绘

▶

开元中期前段女性妆束形象

均据阿斯塔那唐墓出土《美人行乐图》屏风绘制

发式妆容：头梳倭堕髻，面绘花钿、斜红、作桃花妆

服饰：上着红缬绿袄子（内衬锦背子），下着折枝小花缬纹紫裙，披绿帔子，胸挂素手巾

▼

开元中期流行的小头履

新疆吐鲁番阿斯塔那27号墓出土

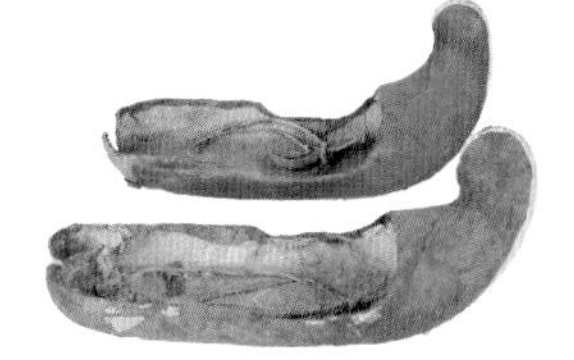

有一幅绘制时代约开元二十年（732年）前后、出自吐鲁番的纸本美人画，画面左侧墨书题字一行：“九娘语：四姊，儿初学画。四姊忆念儿，即看。”可知这是昔日九娘将自身模样凝定入画，寄与四姊作为念想。应浓应淡、宜短宜长，总是女儿自身最知，于是我们便可得到一个当时衣妆好尚的标准样貌。

▼

开元中期女性形象

吐鲁番出土纸本《九娘自画像》瑞典斯德哥尔摩国家人种学博物馆藏

▲

开元中期女性形象

唐玄宗开元十五年（727 年）李邕墓壁画

陕西省考古研究院．壁上丹青：陕西出土壁画集 [M]. 北京：科学出版社，2009.

开元中期女性形象

唐玄宗开元二十年（732 年）慈和禅师石棺线刻

本书作者提取自拓片

▼

开元中期后段女性形象

台南艺术大学藏石椁线刻

本书作者改摹自：卢泰康．台南艺术学院典藏石椁年代初探 [J]．史评集刊，2004，(2)．

▲

开元中期后段女性形象

陕西西安西北政法学院 34 号唐墓女俑

中国国家博物馆，等．世纪国宝II[M]．北京：生活·读书·新知三联书店，2005．

开元中期后段女性妆束形象

均据西安唐墓出土女俑绘制

发式妆容：头梳倭堕髻，额绘花钿，颊贴翠钿，作酒晕妆

服饰：上着梅花纹深绿衫子、素色背子，下着折枝花纹红裙

开元末天宝初（736—745 年）

▲

开元末女性形象

唐玄宗开元二十八年（740 年）韩休墓壁画

陕西省考古研究院，等 . 西安郭庄唐代韩休墓发掘简报 [J]. 文物，2019，（1）.

大约是在绮靡盛世的光景里耽于享乐，开元后期女性妆束的审美愈加往丰满宽松发展。直到这时，今人所熟知的唐人“以胖为美” 的风貌才得以形成：鬓发蓬松梳开撑起在脸畔，后发松垂至颈肩处才上挽至顶结成尖尖小髻；圆如满月的脸上浓晕阔眉与红妆；宽松的衣裙上满布折枝或簇状的花叶纹饰。

新疆吐鲁番阿斯塔那唐墓的考古发掘中有数件该时期的服饰实物，其中 227 号墓出土服饰保存较全，可作组合推测复原。上衣为一件彩绘白绢衣，袖为宽松筒状的直袖，其上绘制花枝、鹦鹉衔葡萄、

▼

开元末女性形象

唐玄宗开元二十五年（737 年）/ 武惠妃墓石椁线刻图

本书作者改摹自：程旭 . 唐武惠妃石椁纹饰初探 [J]. 考古与文物，2012，（3）.

天宝初女性形象

唐玄宗天宝元年（742 年）让皇帝李宪墓石椁线刻

本书作者改摹自陕西省考古研究所．唐李宪墓发掘报告 [M]. 北京：科学出版社，2005.

流云等纹饰；裙装也较前一时期更为宽松，其制作往往是用全幅面料拼缝成片，再在腰部打上褶裥压一段裙腰。虽然这座墓中裙装残损较甚，但同时期风格的裙装实物又有日本正仓院南仓所藏数腰残件可作参照补足。这类宽松的裙式在当时甚至引出一段韵事：长安城中士女游春寻芳，遇着名花需围起帷幄坐下赏花宴乐时，往往弃帷幕不用，而是由女子解下长裙挂在插起的帐杆上作为屏障，这种以多身长裙相连围起的屏障名为“裙幄”[①]。

①《开元天宝遗事》：长安士女游春野步，遇名花则设席藉草，以红裙递相插挂，以为宴幄，其奢逸如此也。

紫细布单裳

日本奈良正仓院南仓藏

正仓院事务所．正仓院宝物：宫内厅藏版・南仓（二）[M]. 东京：每日新闻社，1994.

新疆吐鲁番阿斯塔那227号墓女墓主妆束形象

发式妆容：参考同时期长安流行妆束绘制

服饰：据出土服饰实物组合而成

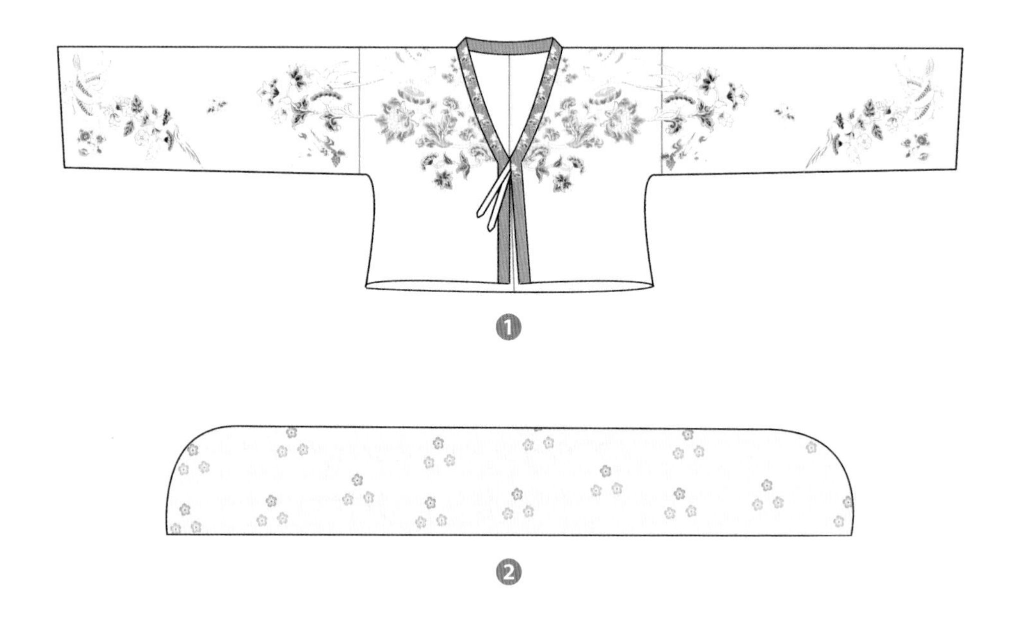

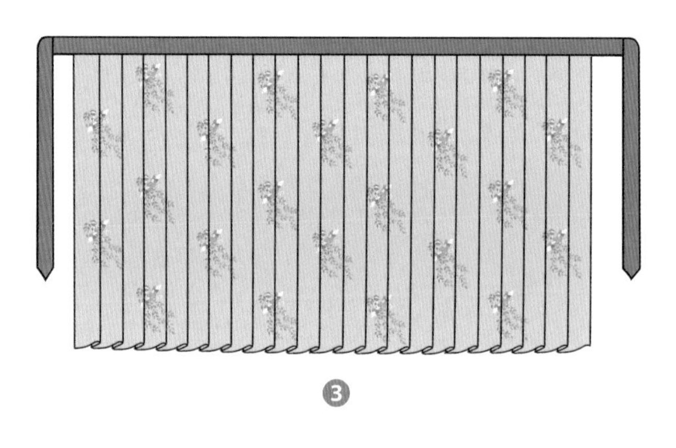

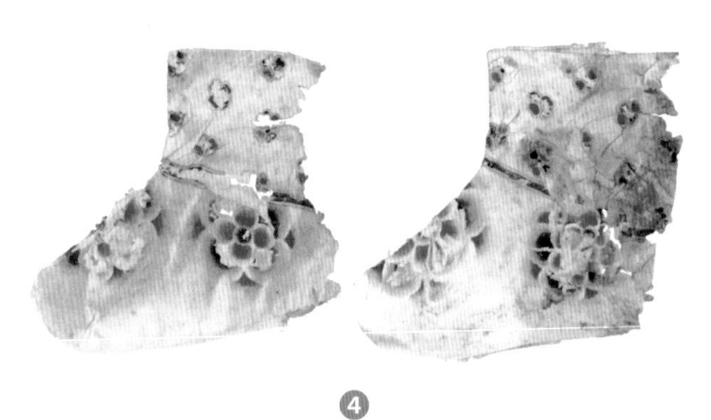

❶ 彩绘宽袖白绢衫：残存前襟与衣袖，形制较明确，可作复原。衣襟以红绢缘边，另缀白绢系带。衣上彩绘各式花鸟，因图样残损，复原参考同时期纹样风格进行设计补全

❷ 红花纹鹅黄纱帔子：残剩三段，因宽度一致且留存的端头剪角呈弧圆状，可推知为实用的帔子，并作大致复原。纹样为散点布局的五瓣红色小花

❸ 原裙装残缺，未见详细记录。本处参考日本奈良正仓院藏裙式样加以设计补全

❹ 彩绘白绢夹袜：袜靿与袜身分别绘四瓣花朵纹样。因实际穿着时掩于鞋、裙内，图像中未作复原

出自敦煌石窟藏经洞的唐人写本《云谣集杂曲子》中有两首《内家娇》，大约写于天宝初年，皆为赞咏杨贵妃的作品。前一首中美人作道装打扮，应是写杨贵妃自寿王妃入道之事；后一首题作“御制”，而词中所谓天下第一佳人，自然非天宝四载受封号的杨贵妃莫属：

丝碧罗冠，搔头坠髻，宝装玉凤金蝉。轻轻傅粉，深深长画眉绿，雪散胸前。嫩脸红唇，眼如刀割，口似朱丹。浑身挂异种罗裳，更薰龙脑香烟。屐子齿高，慵移步两足恐行难。天然有灵性，不娉凡间。教招事无不会，解烹水银，炼玉烧金，别尽歌篇。除非却应奉君王，时人未可趋颜。

（御制）两眼如刀，浑身似玉，风流第一佳人。及时衣着，梳头京样。素质艳丽青春。善别宫商，能调丝竹，歌令尖新。任从说洛浦阳台，谩将比并

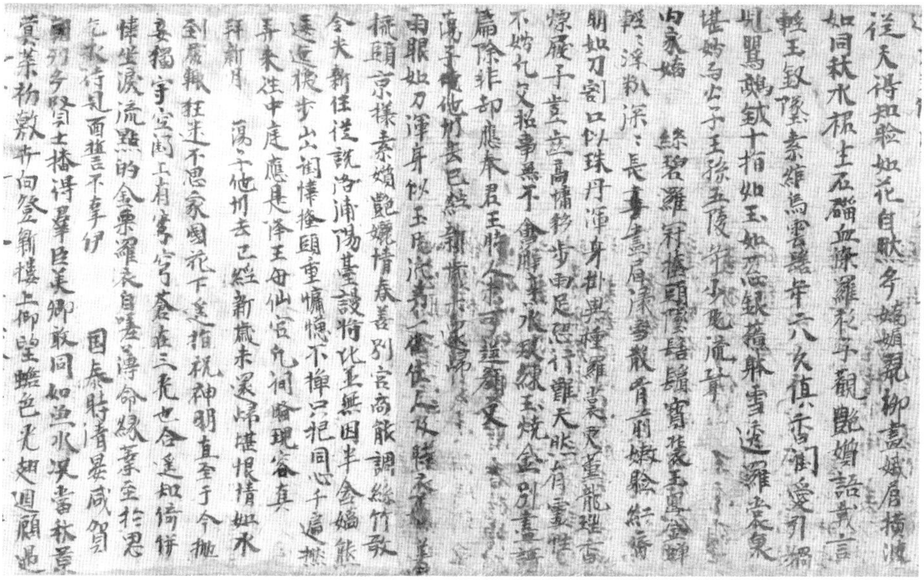

敦煌写本《云谣集杂曲子》局部

敦煌莫高窟藏经洞出土／法国国家图书馆藏

无因。半含娇态，逶迤缓步出闺门。搔头重慵憁不插。只把同心，千遍捻弄，来往中庭。应是降王母仙宫，凡间略现容真。

“及时衣着、梳头京样”，妆束时尚自然首先在杨贵妃与其姊妹身上体现。当时专供杨贵妃宫院织锦刺绣的工人就有七百人，从事雕刻制造者又有数百人。扬州、益州、岭南等地刺史纷纷寻觅良工，制作奇巧新样衣装奉献贵妃以求升官。杨氏一门荣耀，兄弟姊妹五家每年十月扈从玄宗前往华清宫，途中每家各成一队，着一色衣，照映如百花焕发，遗落一路花光香雨。又有杜甫《丽人行》所述，杨贵妃姐妹虢国夫人、秦国夫人的衣裙上更以金银线重重刺绣孔雀与麒麟，配以各种珠翠首饰：

> 三月三日天气新，长安水边多丽人。
> 态浓意远淑且真，肌理细腻骨肉匀。
> 绣罗衣裳照暮春，蹙金孔雀银麒麟。
> 头上何所有？翠微盍叶垂鬓唇。
> 背后何所见？珠压腰衱稳称身。
> 就中云幕椒房亲，赐名大国虢与秦。

“能调丝竹，善别宫商”，也有绘画可供参看。如陕西长安县南里王村唐墓一组美人屏风，中央两屏有两人对坐，一人翘脚坐于树下，当胸横抱琵琶拨弹；一人执扇听乐。其余数个美人、侍儿似正听闻乐声，缓缓向奏乐者行来。这座墓葬年代未详，但画中美人妆束是开元中期的流行式样。而时代稍晚的又有日本奈良正仓院藏一件螺钿紫檀阮咸

贵族女性裙腰与身际垂挂的饰品
唐开元二十四年（736 年）
宗女李倕墓出土

的捍拨（装在琵琶、阮咸等乐器表面、弦的下方，用以捍护拨子的装饰面）上，也有一幅“花下奏乐图”，四人围坐在盛放的花树之下，其中一美人摘阮奏乐，三人侧耳倾听，几人的身量都要比前例丰腴得多。借此情景，也能够觑得几分天宝初年唐宫的风流。

美人屏风壁画

约盛唐开元年间／陕西长安县南里王村唐墓出土

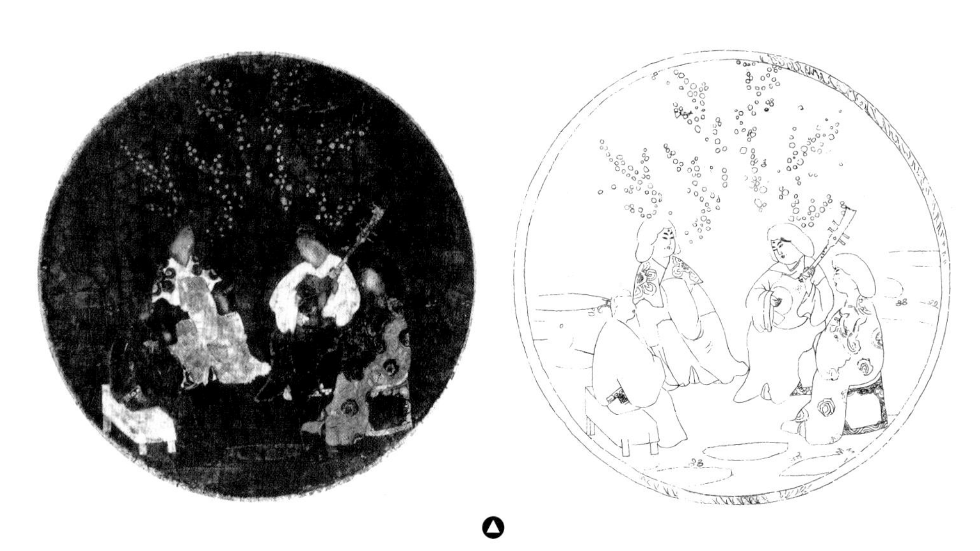

花下奏乐图

约盛唐天宝同时期／日本奈良正仓院藏紫檀螺钿阮咸捍拨彩绘

唐玄宗天宝初年女性妆束形象

参考同时期壁画陶俑形象、敦煌曲子词《内家娇》所记杨贵妃形象绘制

发式妆容：头戴义髻，面绘浓眉，贴翠钿、翠靥，作酒晕妆

服饰：上着团花纹桃红衫子，下着团花纹黄裙，披皂罗帔子

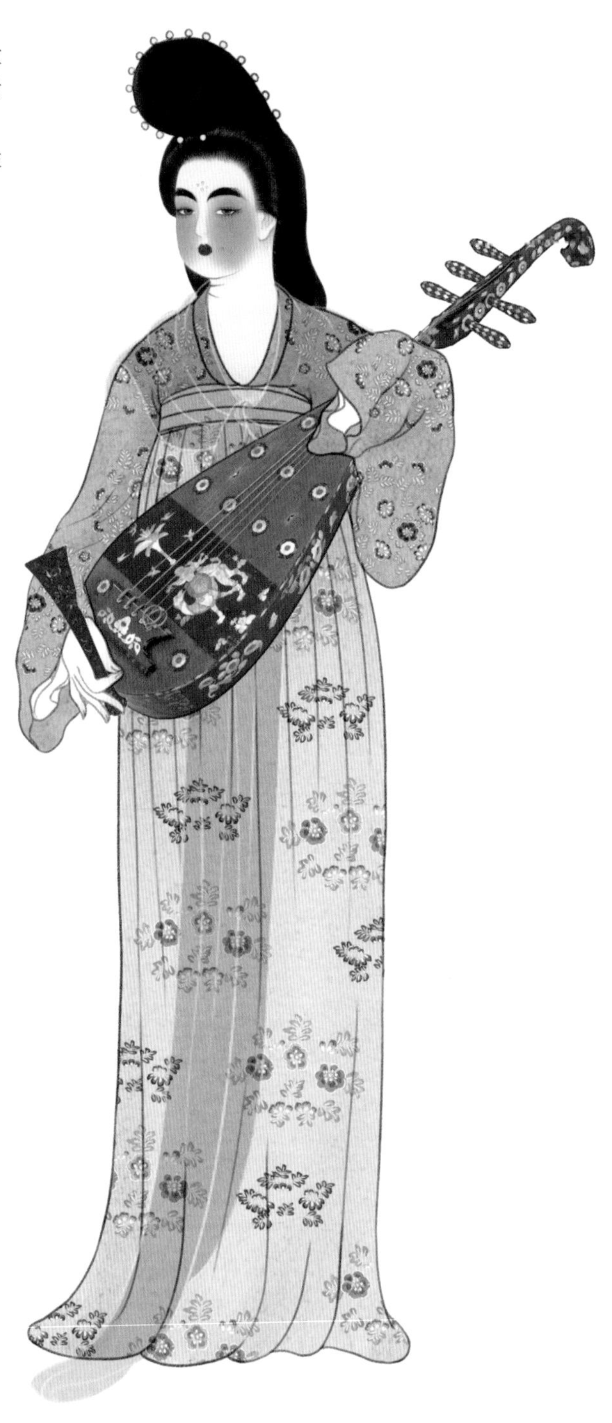

天宝年间（746—756年）

① 《中华古今注》：太真偏梳髲子，作啼妆。

② 《开元天宝遗事·红汗》：贵妃每至夏月，常衣轻绡，使侍儿交扇鼓风，犹不解其热。每有汗出，红腻而多香。或拭之于巾帕之上，其色如桃花也。

③ 白居易，《长恨歌》。

④ 《中华古今注》。

⑤ 《开元天宝遗事·泪妆》：宫中嫔妃辈，施素粉于两颊，相号为泪妆。识者以为不祥，后有禄山之乱。

⑥ 姚汝能，《安禄山事迹》：天宝初……妇人则簪步摇，衩衣之制度，衿袖窄小。

在随后的天宝年间，风靡长安的妆束时尚在一味追求阔大宽松的开元末式样基础上又有所演进，众位贵妇人以种种巧思使衣妆的细节更加精巧。

程式化的典雅娴静之外，是基于杨贵妃得宠时在宫中引领的诸般韵事做出的种种巧妙变易：发式除了杨贵妃所喜爱的高大义髻，又有将小髻偏梳于一侧的“髲（duǒ）子”[①]；天宝初年女性追求夸张的阔眉浓妆，杨贵妃用色如桃花的红粉涂面，夏日里流出的汗水也因和入脂粉变得红腻多香[②]；这类浓妆到天宝后期，逐渐被更为温柔的“芙蓉如面柳如眉”[③]所取代；更有所谓“白妆黑眉”[④]的妆样；宫中嫔妃还创制了施素粉于两颊的啼妆[⑤]。

当时的女衣虽袖根依然宽松，袖口却略有收小，衣襟也裁得短窄[⑥]；衣裙色彩以杨贵妃喜爱的紫、黄最为时兴；高束胸间的长裙泻下，裙脚以小头鞋履勾起。白居易《上阳白发人》称“小头鞋履窄衣裳，青黛点眉眉细长。外人不见见应笑，天宝末年时世妆”，可知这般风尚一直持续到天宝末年。

秾丽之容与丰艳之躯，往往要用轻薄如云烟的纱罗来衬。李白的《清平调》中描绘杨贵妃妆束，是“云想衣裳花想容，春风拂槛露华浓。若非群玉山头见，会向瑶台月下逢”。杨贵妃也曾亲为善舞《霓裳羽衣》的舞伎张云容作诗一首，形容她的衣装“罗袖动香香不已，红蕖袅袅秋烟里。轻云岭上乍摇风，嫩柳池边初拂水”。唐人李亢《独异志》中记有这样一则故事：“玄宗偶与宁王博，召太真妃立观，俄而风冒妃帔，覆乐人贺怀智巾帻，香气馥郁不灭。后幸蜀归，怀智以其巾进于上，上执之潸然而泣，曰：此吾在位时，西国有献香三丸，赐太真，谓之瑞龙脑。”[①]——在盛唐的某年夏日，玄宗与宁王的一次对弈中，冷冽的异国之香借着贵妃那因风偶然拂起的领巾，留驻在一侧乐人贺怀智的头巾之上，甚至多年后玄宗还能以这顶头巾上所留的余香思人。风可将领巾吹起，它自是以轻薄的纱罗制成。阿斯塔那唐墓出土绘于天宝初年的观棋仕女屏风绢画[②]，画中女子肩上搭着的均是透明的长帔，两相对照，情景了然。

这般流行直到安史之乱的战火将长安城吞噬，在马嵬坡的一片凄凉中，“义髻抛河里，黄裙逐水流”[③]，岭上轻云已为风吹散，池畔嫩柳已为人攀折，倾国美人带着大唐盛世付诸冥冥。

① 这个故事在段成式《酉阳杂俎》中有更为详细的记载。见《酉阳杂俎》卷1：天宝末，交趾贡龙脑，如蝉蚕形。波斯言老龙脑树节方有，禁中呼为瑞龙脑。上唯赐贵妃十枚，香气彻十余步。上夏日尝与亲王棋，令贺怀智独弹琵琶，贵妃立于局前观之。上数子将输，贵妃放康国猧子于坐侧，猧子乃上局，局子乱，上大悦。时风吹贵妃领巾于贺怀智巾上，良久，回身方落。贺怀智归，觉满身香气非常，乃卸幞头贮于锦囊中。及二皇复宫阙，追思贵妃不已，怀智乃进所贮幞头，具奏它日事。上皇发囊，泣曰：“此瑞龙脑香也。”

② 该组屏风出土于新疆吐鲁番阿斯塔那187号墓，墓中同出有天宝三载（744年）纪年文书。
金维诺，卫边.唐代西州墓中的绢画[J].文物，1975，（10）.

③《新唐书 · 五行志》：杨贵妃常以假鬓为首饰，而好服黄裙。近服妖也。时人为之语曰：“义髻抛河里，黄裙逐水流。”

天宝年间女性形象

约唐玄宗天宝三载（744 年）前后／新疆吐鲁番阿斯塔那 187 号墓／美人绢画屏风／本书作者补绘

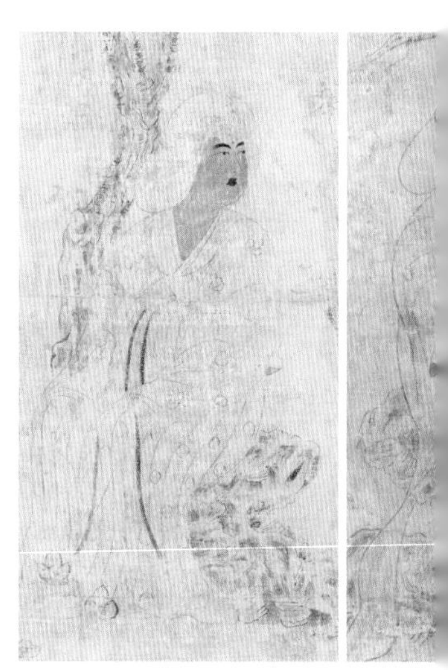

▼

天宝年间女性形象

约盛唐天宝同时期／日本奈良正仓院藏鸟毛立女屏风局部

▲

天宝年间女性形象

唐天宝六年（747年）／张思九夫人胡氏墓壁画

西安市文物保护考古研究院．西安韩森寨唐张思九夫人胡氏壁画墓发掘简报[J]．中原文物，2021，(3)．

天宝年间女性形象

唐天宝四载（745年）／苏思勖墓壁画

陕西历史博物馆．唐墓壁画珍品[M]．西安：三秦出版社，2011：123．

天宝年间女性形象

唐玄宗天宝五载（746 年）／王贤妃墓石椁线刻

本书作者自拓片取样

天宝年间女性形象

唐玄宗天宝七载（748 年）／吴守忠墓女俑

东京国立博物馆．中国陶俑之美 [M]．东京：朝日新闻社，1984．

唐玄宗天宝中期女性妆束形象

参考同时期陶俑形象组合绘制

发式妆容：头梳偏梳髻，面贴翠钿

服饰：上着团花纹绿衫子，下着折枝花纹红裙，披素罗帔子

聂隐娘者，贞元中魏博大将聂锋之女也。年方十岁，有尼乞食于锋舍，见隐娘，悦之，云：『问押衙乞取此女教。』锋大怒，叱尼。尼曰：『任押衙铁柜中盛，亦须偷去矣。』及夜，果失隐娘所向……后五年，尼送隐娘归。告锋曰：『教已成矣，子却领取。』尼欻许忽不见。一家悲喜。问其所学……尼曰：『吾为汝开脑后，藏匕首而无所伤。用即抽之。』曰：『汝术已成，可归家。』遂送还。

——裴铏《传奇》

中唐 衣到元和体变新

安史之乱过后，唐朝国力大损，盛极而衰，内有藩镇割据、宦官专权、民变兵变迭起，外有吐蕃回鹘入侵。因唐人排胡情绪高涨，世风逐渐臻于保守，女子妆束也逐渐由大胆热烈、以“北朝式”或“胡式”紧窄式样为主流的状态，转而向娴雅宽博雍容的“南朝化”或“汉式”风格发展。

“大抵天宝之风尚党，大历之风尚浮，贞元之风尚荡，元和之风尚怪也”[①]，这是时人李肇对盛唐以来历朝文坛的形容，借以描述女性妆束风尚演变也恰好合适。经过战乱后数十年的酝酿，终于自唐德宗贞元末年开始，女性妆束时尚迸发出丝毫不逊盛唐甚至犹有过之的华丽色彩与式样。这段时间女性的妆束时尚，也可借用文学史上名诗人辈出、唐诗大放光彩的“元和时期风格”来形容概括，但它并不局限于唐宪宗元和一朝，而是起自德宗贞元后期，经宪宗元和至穆宗长庆年间，前后历时数十年，其中以宪宗元和时代最具代表性。

① 《唐国史补》。

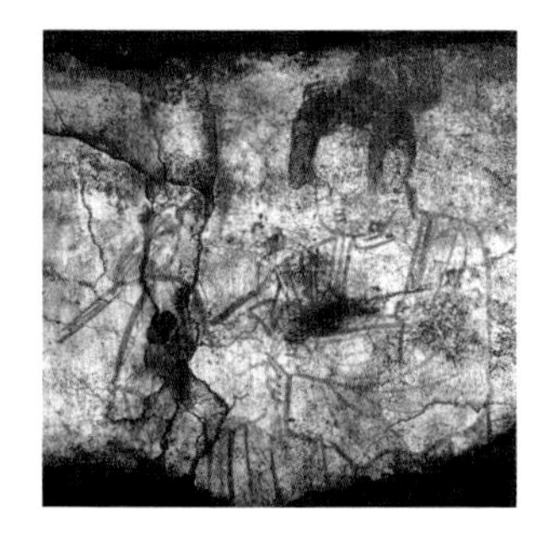

中唐前期女性形象

唐代宗大历九年（774 年）贝国夫人墓壁画

陕西省考古研究院 . 壁上丹青：陕西出土壁画集 [M]. 北京：科学出版社，2009.

尚怪的“元和风格”在文学史上已研究者众，却因有华丽的盛唐时期珠玉在前，往往被服装史研究者所忽略。实际上，一众爱新趋奇的元和式美人，并没有固守在盛唐那只堪梦寻的背影里，而是另辟蹊径，创制出多种新样衣妆。

代宗大历（757—779 年）

中唐前期女性形象

唐德宗兴元元年（784 年）
唐安公主墓壁画

陕西历史博物馆．唐墓壁画珍品 [M]．西安：三秦出版社，2011.

在中唐的前几十年，女性妆束风格变化还不算多。但南朝式浮华风雅的传统在代宗一朝已悄然复兴。流行时装在细节上有所演进：自盛唐天宝年间以来，女子流行将鬓发虚梳出边棱再拢至头顶挽成各式发髻，这类做法在中唐愈加夸张，演变出片状的两鬓凌伸于脸畔；面妆花钿也摒弃了抽象化图纹，转而使用写实的花草形状。

考古发掘中，这段时期的绘画、雕塑形象都较为零散，然而对照这些考古资料，可将传世的数卷唐朝仕女画作（或其母本）的绘制年代定位于当时，包括据称为活跃于盛唐开元天宝年间的画家张萱所绘的《捣练图》，活跃于中唐代宗至德宗时期（762—805 年）的画家周昉所绘的《内人双陆图》等。这些画作传世千余年，或又经后世临摹，疑点颇多；而各纪年墓葬中出土女俑的发式，则为名画断代提供了蛛丝马迹——传说中由杨贵妃创制的髻式“偏梳鬏子”，在天宝年间流行的搭配是两鬓蓬松隆起、后发垂颈再上挽的发式；到了安史之乱后，则流行以此搭配片状鬓发、紧拢后发的式样。

当时女子衣裙式样也区别于天宝末年流行的“小头鞋履窄衣裳”，呈现出向宽松化发展的趋势。

中唐前期女性形象 / 西安博物院藏女俑

唐代宗大历年间女性妆束形象

参考同时期陶俑形象组合绘制

发式妆容：头梳蝉鬓、偏梳髻

服饰：上着粉红衫子，下着绿裙，肩披折枝花缬纹赤黄帔子

中唐前期女性形象

敦煌莫高窟藏经洞出土绢画／英国大英博物馆藏

中唐前期女性形象

（传·宋摹本）张萱《捣练图》／美国波士顿美术馆藏

中唐前期女性形象

（传）周昉《内人双陆图》／美国弗利尔美术馆藏

德宗贞元（785—805 年）

自中唐代宗朝以来，女子的发式逐渐繁复化，出现了发鬟如丛立在头顶的式样，搭配的衣式也日益变得宽博。在时人沈亚之为爱妾卢金兰所写的墓志中，记录有贞元年间少女卢金兰在长安学舞时的妆束：“岁余，为《绿腰》《玉树》之舞，故衣制大袂长裾，作新眉愁嚬（pín），顶鬟为娥丛小鬟。”[①] 她特制了大袖长裙的衣式，画眉若愁啼状，鬟上梳起数丛小鬟。而元稹在《梦游春七十韵》中回忆恋人崔双文的模样则是：“丛梳百叶髻（时势头），金蹙重台屦（踏殿样）。纰软钿头裙（瑟瑟色），玲珑合欢袴（夹缬名）。”[②]

① 沈亚之，《卢金兰墓志铭》。

② 括号内为原诗自注。

▼

中唐女供养人像

敦煌莫高窟四六八窟壁画

中国敦煌壁画全集编辑委员会 . 中国敦煌壁画全集 · 7 · 中唐卷 [M]. 天津：天津人民美术出版社，2006.

① 另有传为周昉画作的《簪花仕女图》（辽宁省博物馆藏），但该画作中女子妆束迥异于唐，绝非唐画，因此本处暂不论述。详见下文《琳琅》一节中的《簪花仕女图之谜》。

发上可层层插戴小梳，如王建《宫词》：“玉蝉金雀三层插，翠髻高丛绿鬓虚。舞处春风吹落地，归来别赐一头梳。”又有元稹作于贞元十六年（800年）的《恨妆成》：“晓日穿隙明，开帷理妆点。傅粉贵重重，施朱怜冉冉。柔鬟背额垂，丛鬓随钗敛。凝翠晕蛾眉，轻红拂花脸。满头行小梳，当面施圆靥。最恨落花时，妆成独披掩。”

到了唐德宗贞元末年，长安城中开始流行新的妆束：堕马髻与啼眉妆。女子面上淡晕粉妆，细眉浅浅画作八字形，若皱眉欲啼的模样；原本斜在头顶梳作团状的发髻，变为向外倾斜堕下的垂鬟。

在传世的唐代仕女画作中，托名周昉所绘的《挥扇仕女图》《调琴啜茗图》等大约处于这一时期[①]。有了同时期文物与这些唐画作参照，可进一

▼

中唐女供养人像

敦煌莫高窟一五九窟壁画

中国敦煌壁画全集编辑委员会．中国敦煌壁画全集·7·中唐卷[M]．天津：天津人民美术出版社，2006.

步知晓后世所谓张萱《虢国夫人游春图》、唐人无款《宫乐图》大约也绘制于此时。其中《虢国夫人游春图》中女子所穿裙式，在新疆阿斯塔那唐墓竟发现类似实物：一腰绢裙在身前正中压一道“裙门”，进而向裙门左右压褶；裙头还加缝有在胸前凸起的弧形裙腰，似兼作胸衣之用。

白居易在“忆在贞元岁”的《代书诗一百韵寄微之》中写道：“粉黛凝春态，金钿耀水嬉。风流夸堕髻，时世斗啼眉。”又有他在长安所作的《和梦游春诗一百韵》，细致摹写了与之搭配的服饰形象：“风流薄梳洗，时世宽妆束。袖软异文绫，裾轻单丝縠，裙腰银线压，梳掌金筐蹙。带襭紫蒲萄，袴花红石竹。凝情都未语，付意微相瞩。眉敛远山青，鬟低片云绿。”

绢裙及穿着示意

新疆吐鲁番阿斯塔那唐墓出土

原件仅残剩裙腰与部分裙身，裙长不明

本书作者补绘

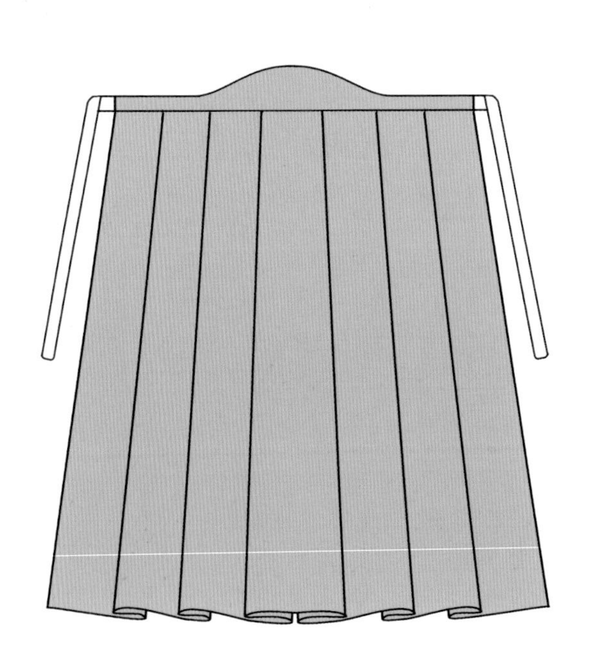

唐德宗贞元年间女性妆束形象

参考同时期敦煌壁画女供养人形象绘制

发式妆容：头梳蝉鬓、丛髻，面绘花钿

服饰：上着花缬肉色衫子，下着海波纹青裙，肩披素纱帔子

贞元年间女性形象

（传）周昉《挥扇仕女图》／北京故宫博物院藏

贞元年间女性形象

（传）周昉《调琴啜茗图》／美国纳尔逊·艾金斯艺术博物馆藏

贞元年间女性形象

宋摹《虢国夫人游春图》/ 辽宁省博物馆藏

▲

贞元年间女性形象

唐人《宫乐图》/台北故宫博物院藏

◀

大历年间偏梳髻发式

▼

贞元年间堕马髻发式

◀

唐德宗贞元后期女性妆束形象

参考同时期陶俑与绘画形象、诗文记载绘制

发式妆容：头梳蝉鬓、堕马髻

服饰：上着绯红衫子，下着绿裙，肩披紫帔子

宪宗元和（806—820年）

贞元年间轻巧垂鬟式的堕马髻，在元和年间演变为夸张高起、重叠繁复的假发覆盖于头顶，在当时大约名为“闹扫”。由唐张氏女《梦王尚书口授吟》中“鬟梳闹扫学宫妆”一句推测，这样的式样大概自宫中流行开来。

白居易在《江南喜逢萧九彻，因话长安旧游》中回忆起元和时平康坊美人的时兴妆束：“时世高梳髻，风流澹作妆。戴花红石竹，帔晕紫槟榔。鬓动悬蝉翼，钗垂小凤行。拂胸轻粉絮，暖手小香囊。”女子面上作淡薄妆容，却要搭配上夸张的高髻低鬟与色泽秾艳、式样宽博的衣裙。

这样近于病态的“怪艳”不符合传统审美标准，有感于时风，元稹在写于元和七年（812年）的《叙诗寄乐天书》中提到：“近世妇人，晕淡眉目，绾（wǎn）约头鬟，衣服修广之度，及匹配色泽，尤剧怪艳，因为艳诗百余首。”然而被元稹视作怪艳的妆束时尚依然势头不减，这时他只好作《有所教》诗一首，试图亲自教女性化妆：“莫画长眉画短眉，斜红伤竖莫伤垂。人人总解争时势，都大须看各自宜。”虽然人们都争相追逐时尚，但也要看自己具体适宜何种妆饰。

元和年间女性形象

西安紫薇田园小区唐墓女俑

刘呆运，李明．唐朝美女的化妆术［J］．文明，2004，（4）．

到了元和末年，女性的发式与妆容更加夸张出格。如白居易为“儆戎也”而作的《时世妆》中所述：“时世妆，时世妆，出自城中传四方。时世流行无远近，腮不施朱面无粉。乌膏注唇唇似泥，双眉画作八字低。妍媸黑白失本态，妆成尽似含悲啼。

◀

唐宪宗元和年间女性妆束形象

参考同时期女俑形象、诗文记载绘制

发式妆容：头梳椎髻圆鬟，面不施朱粉，画啼眉，乌膏注唇

服饰：上着阔袖绿衫子，下着团花长裙，肩披槟榔染紫缬帔子

▲

元和年间女性形象

故宫博物院藏女俑

故宫博物院．故宫博物院藏品大系·雕塑编3·隋唐俑及明器模型[M]．北京：紫禁城出版社，2011．

圆鬟垂鬓椎髻样，斜红不晕赭面状。昔闻被发伊川中，辛有见之知有戎。元和妆梳君记取，髻椎面赭非华风。”

以史证诗，《新唐书·五行志》也有相似记载："元和末，妇人为圆鬟椎髻，不设鬓饰，不施朱粉，惟以乌膏注唇，状似悲啼者。圆鬟者，上不自树也，悲啼者，忧恤象也。”女子脸上不施朱粉，全然素面朝天，只是涂乌色唇、画八字低眉；两鬓垂如角，不设首饰，额顶高梳起尖长的椎髻，其后拢作圆鬟。

穆宗长庆（821—824 年）

穆宗长庆年间，奢侈之风更甚。女子发上重回满插小梳及各式首饰的状态。宋代王谠《唐语林·补遗二》记载了这种夸张风气："长庆中，京城妇人首饰，有以金碧珠翠，笄栉（jī zhì）步摇，无不具美，谓之'百不知'。"这时长安的时尚，是将簪、梳、步摇装饰上各种珍贵的金碧珠翠宝石。这类“百不知”首饰的风格，见于洛阳伊川鸦岭长庆四年（824 年）成德军节度使王承宗之母齐国太夫人吴氏墓，墓中出土有各种金筐嵌宝石的步摇饰件。类似的实物竟也可在异域觅得——韩国三星博物馆藏一把新罗王国时期（基本与唐同时）的金筐嵌碧玉龟甲梳，梳背上所挂诸般步摇饰物与齐国太夫人的步摇构件极为相似。新罗女性所用首饰竟与唐同制，足见当时“百不知”风尚之盛。

“百不知”式步摇饰件

唐穆宗长庆四年（824 年）齐国太夫人墓出土

洛阳市第二文物工作队．伊川鸦岭唐齐国太夫人墓[J]．文物，1995，(11)．

同时女性妆容也更为奇异，《唐语林》中记载：“妇人去眉，以丹紫三四横，约于目上下，谓之‘血晕妆’。”即剃去眉毛，在眼睛上下画出三四道红紫色长痕，如凝滞的瘀血一般。这类妆容见于时代稍晚的河南安阳太和三年（829年）赵逸公墓壁画之上；画中女子高梳椎髻、后垂发鬟，一排小梳在椎髻上层层插起，双眼上下分别画有二三道紫红长痕。

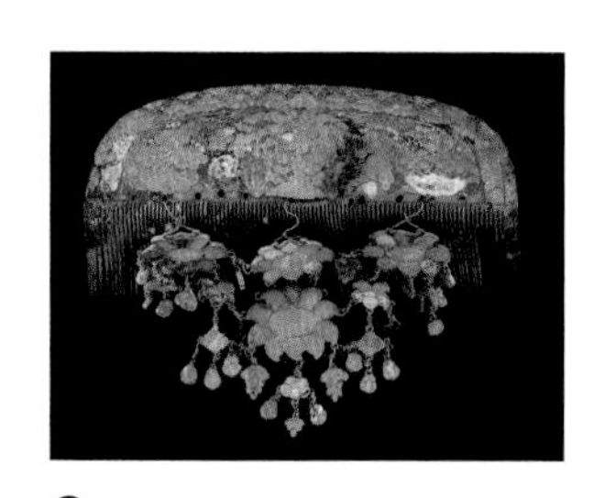

“百不知”式插梳

韩国三星博物馆藏

当时诗人温庭筠（字飞卿）曾有一位沦落风尘的红粉知己名唤柔卿，其友人段成式专为此事写有组诗《嘲飞卿七首》调笑，其中细细描写柔卿形象：“曾见当垆一个人，入时装束好腰身。少年花蒂多芳思，只向诗中写取真。醉袂几侵鱼子缬，飘缨长罥（juàn）凤凰钗。知君欲作闲情赋，应愿将身作锦鞋。翠蝶密偎金叉首，青虫危泊玉钗梁。愁生半额不开靥，只为多情团扇郎。”柔卿头饰翠蝶金钗、青虫玉钗、步摇凤凰钗等繁复首饰，面妆作愁眉若啼，身着鱼子缬衣，足踏锦鞋，正是长庆时期的入时妆束。

长庆风格女性形象

唐文宗太和三年（829 年）

河南安阳赵逸公墓壁画

安阳市文物考古研究所．河南安阳市北关唐代壁画墓发掘简报[J]．考古，2013，(1)．

▶

唐穆宗长庆年间女性妆束形象

参考同时期壁画与段成式《嘲飞卿七首》中所记柔卿形象绘制

发式妆容：头梳椎髻、丛鬟，饰“百不知”首饰；画啼眉，额贴蝶钿，作血晕妆，乌膏注唇

服饰：上着鱼子深红缬衫子，下着紫裙，肩披彩夹缬帔子

文宗太和（827—835年）

唐文宗即位之初，对全国各地车服式样逾制且奢靡的风气大感厌恶，因此决定自上而下地推行节俭之风。

相关制度首先在皇室推行。文宗于太和二年(828年)五月庚子下诏：“应诸道进奉内库，四节及降诞进奉金花银器并纂组、文缬、杂物，并折充铤银及绫绢。其中有赐与所须，待五年后续有进止。”[1]这时候恰有文宗姑母汉阳公主入见，公主生性简朴，于贞元年间下嫁，直到三十年后的文宗朝仍旧维持旧样衣式不改；这一身贞元风格的古旧妆束令文宗大为感慨[2]，于是他于同年丁巳向诸位公主传旨，命她们以汉阳公主贞元年间风格的衣制广狭为蓝本进行效仿。一方面，文宗对繁复的首饰加以限制，“今后每遇对日，不得广插钗梳”；另一方面，宽慰她们不必如汉阳公主那般太过节俭，“不须著短窄衣服”。[3]

①③《旧唐书 · 文宗纪上》。

②《新唐书 · 汉阳公主传》：文宗尤恶世流侈，因主入，问曰：“姑所服，何年法也？今之弊，何代而然？”对曰：“妾自贞元时辞宫，所服皆当时赐，未尝敢变。元和后，数用兵，悉出禁藏纤丽物赏战士，由是散于人间，内外相矜，忸以成风。若陛下示所好于下，谁敢不变？”帝悦，诏宫人视主衣制广狭，遍谕诸主，且敕京兆尹禁切浮靡。

广插钗梳、大袖长裙的女性
陕西西安唐刘弘规家族墓壁画
陕西考古博物馆藏

① 《旧唐书 · 文宗纪上》。

接着制度推广到官员与贵戚，“（太和三年九月）辛巳，敕两军、诸司、内官不得著纱縠绫罗等衣服”“（十一月甲申）四方不得以新样织成非常之物为献，机杼纤丽若花丝布缭绫之类，并宜禁断。敕到一月，机杼一切焚弃”。[1]

到了太和六年（832 年）六月戊寅，文宗命时任尚书左仆射的王涯整理车服制度。王涯在拟定制度的奏文中甚至专门针对女性妆束列出了若干规定——原来这时女服的奇特程度较先前有过之而无不及。

对照陕西韩家湾晚唐墓壁画形象可见，这一时

太和年间女性形象

敦煌绢画《观经变相图断片》局部

敦煌莫高窟藏经洞出土／英国大英博物馆藏

太和年间女性形象

日本奈良高山寺《十五鬼神图卷》局部

奈良国立博物馆 . 女性与佛教 [M]. 奈良：奈良国立博物馆，2003.

期贵族女性的发型是“高鬟危鬓”，即高大的鬟髻以簪钗挑起直竖头顶，鬓发分成两重，用长簪长钗在脸畔撑开。面上则是“去眉、开额”的状态，把本来的真眉毛剃去，又剃开额前的头发让发际线上移，使额头变得宽广。过去长庆年间的血晕妆已然过时，此时妆饰的重点是在宽广额头上另行描上浓黑的八字眉妆，如徐凝《宫中曲》所述，一位倾城美人抛却曾经入宫侍宴时面上仿若霞晕的旧妆，转而画起黑烟眉，引得六宫效仿：“披香侍宴插山花，厌著龙绡著越纱。恃赖倾城人不及，檀妆唯约数条霞。身轻入宠尽恩私，腰细偏能舞柘枝。一日新妆抛旧样，六宫争画黑烟眉。”

太和年间女性形象

陕西西安韩家湾唐墓壁画

陕西省考古研究院.西安长安区韩家湾墓地发掘报告[M]. 西安：三秦出版社，2018.

①《准敕详度诸司制度条件奏》，以《册府元龟·帝王部·立制度二》所记最详。

贵家姬妾纷纷穿着极为宽博的衣裙，大袖宽达三四尺，长裙曳地四尺余，且多用纱及绫罗为衣料，以纹缬工艺做纹样。为了便于在长裙曳地的情况下行走，裙下多是江南地区所产编织精细的高头草履。正是这时，温庭筠为红粉知己柔卿赎身解籍，段成式再度取笑，作《柔卿解籍戏呈飞卿》三首，其中描绘的柔卿已然是一身太和年间的时装："最宜全幅碧鲛绡，自襞春罗等舞腰。未有长钱求邺锦，且令裁取一团娇。出意挑鬟一尺长，金为钿鸟簇钗梁。郁金种得花茸细，添入春衫领里香。"又有一位与柔卿同为风尘姊妹的阿真，此时为官员高侍御所赎，段成式亦作《戏高侍御》调笑："百媚城中一个人，紫罗垂手见精神。青琴仙子长教示，自小来来号阿真。七尺发犹三角梳，玳牛独驾长檐车……自等腰身尺六强，两重危鬟尽钗长……厌裁鱼子深红缬，泥觅蜻蜓浅碧绫。"诗中一番形容，恰与韩家湾唐墓壁画所绘吻合。

针对这种夸张奇特且奢侈的女性时尚现状，文宗接受了王涯所拟具的相关规定，并下令在全国实行[①]：

妇人制裙，不得阔五幅已上，裙条曳地不得长三寸已上，襦袖等不得广一尺五寸已上。妇人高髻险妆，去眉开额，甚乖风俗，颇坏常仪；费用金银，过为首饰，并请禁断。其妆梳钗篦等，请勒依贞元中旧制，仍请敕下后，诸司及州府榜示，限一月内改革。又吴越之间，织造高头草履，织如绫縠，前代所无，费日害功，颇为奢巧，伏请委所在长吏，当日切加禁绝。其诸彩帛缦或高头履，及平头小花草履，既任依旧，余请依所司条流。

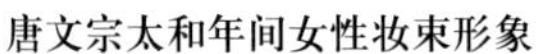

唐文宗太和年间女性妆束形象

参考同时期壁画形象与段成式《柔卿解籍戏呈飞卿》《戏高侍御》诗中所记女性形象绘制

发式妆容：头梳高鬟、两重危鬓，广插钗梳（首饰比例参考壁画在出土首饰实物基础上有所放大）；画黑烟眉，乌膏注唇

服饰：上着蜻蜓纹浅碧春罗衫子，下着一团娇纹郁金色绫裙，肩披春水绿罗帔子

随着制度推行，此后有民间“风俗已移”“长裾大袂，渐以减损”的说法。然而文宗清楚，民间是阳奉阴违，皇族贵戚们仍侈靡者众。他只能“去其泰甚”，即把太奢侈的去掉，“以俭德化之”[①]。开成四年（839年）正月十五之夜，文宗在咸泰殿观灯作乐，三宫太后及诸公主一同赴宴。因见延安公主的衣裙过于宽大，文宗即时将她斥退，称公主的衣服逾制，扣驸马窦澣两月赐钱作为惩罚[②]。大约是看到皇帝竟然只因公主衣裙过于宽大就加以惩罚，的确是要厉行节约，于是在该年二月，淮南节度使李德裕特地向文宗进奏，称当地女装过于宽大，不利节俭，自己下令制约：“比以妇人，长裾大袖，朝廷制度，尚未颁行，微臣之分，合副天心。比闾阎之间，袖阔四尺，今令阔一尺五寸；裙曳四尺，今令曳五寸。事关厘革，不敢不奏。”[③]

然而，君王一己所倡，却抵不住当时社会上下的共同向往。文宗朝之后，元和风格的奢靡之风再兴；晚唐壁画中有着大量广插钗梳、大袖长裙的女性形象。甚至直到五代时仍有此风——文人陈陶游历至西蜀，在蜀王宴席上听到名唤金五云的女子唱歌，五云自言曾是唐宫嫔御，因战乱流落民间，辗转来到西蜀；而她的妆束，在陈陶眼中俨然仍旧是元和样式：“旧样钗篦浅淡衣，元和梳洗青黛眉。低丛小鬓腻鬌鬌（wǒ tuǒ），碧牙镂掌山参差。”[④]

① 《旧唐书·郑覃传》：帝曰：“此事亦难户晓，但去其泰甚，自以俭德化之。朕闻前时内库唯二锦袍，饰以金鸟，一袍玄宗幸温汤御之，一即与贵妃。当时贵重如此，如今奢靡，岂复贵之？料今富家往往皆有。左卫副使张元昌便用金唾壶，昨因李训已诛之矣。”

② 《册府元龟·帝王部》：“帝思节俭化天下，衣服咸有制度，左右亲幸莫敢逾越，延安公主衣裙宽大，即时遣归，驸马都尉窦澣待罪，敕曰：公主入参，衣服逾制，从夫之义，过有所归，窦澣宜夺两月赐钱。”

③ 《册府元龟·牧守部·威严革弊》。

④ 陈陶，《西川座上听金五云唱歌》。

癸亥，以右拾遗韦保衡为银青光禄大夫、守起居郎、驸马都尉，尚皇女同昌公主，出降之日，礼仪甚盛……

己酉，同昌公主薨，追赠卫国公主，谥曰文懿。主，郭淑妃所生，主以大中三年七月三日生，咸通九年二月二日下降。上尤钟念，悲惜异常。以待诏韩宗绍等医药不效，杀之，收捕其亲族三百余人，系京兆府。宰相刘瞻、京兆尹温璋上疏论谏行法太过，上怒，叱出之……

辛酉，葬卫国公主于少陵原。先是，诏百僚为挽歌词，仍令韦保衡自撰神道碑，京兆尹薛能为外监护，供奉杨复璟为内监护，威仪甚盛，上与郭淑妃御延兴门哭送。

——《旧唐书·懿宗本纪》

晚唐五代

忆昔花间相见后

以《花间集》[①]为代表、秾纤艳婉的词作风格，兴于唐，盛于五代。它原是供歌伎伶人演唱的唱词选本，收录晚唐五代间的流行词作。亡国之音哀以思，频繁战乱导致的多少离愁别恨、去国怀乡，却只能暂以“落花狼藉酒阑珊”来止痛，将一己潜隐的悲哀织进词里婉娈温柔的绮罗绫绢之中。

于服饰研究而言，《花间集》也成了晚唐五代女性妆束时尚的极好的文字参照。欲要追索词中提及的种种美人妆束衣物本事，可凭借同时期考古发掘或传世的绘画窥得大概。而法门寺地宫中的考古发现，又使我们有了校诸实物、将词中画中物象看得分明的机会——法门寺地宫中入藏有大量服饰，其中大部分来自晚唐皇室供奉。虽出土时这些丝织物大都糟朽炭化，清理揭展工作进行艰难，但目前纺织考古专家已从地宫出土的衣物包块之一中成功提取出七件贵族女性所用的衣物，包括两腰长裤、两腰长裙、一领宽袖短衫、两件叠穿的长衫；此外又见有薄如蝉翼的长帔。凡此种种，都可以为花间

① 唐开成元年（836年）至后蜀广政三年（940年），计十八位作者，五百余词作。

美人的形象做直观的注脚。参考法门寺地宫出土的《随真身衣物帐》中记载，当时供奉衣物的宫廷贵妇人有惠安皇太后、昭仪、晋国夫人三人：

惠安皇太后及昭仪、晋国夫人衣计七副：红罗裙衣各五事，夹缬下盖各三事，已上惠安皇太后施；裙衣一副四事，昭仪施；衣二副八事，晋国夫人施。

可知“裙衣一副”（一副即一套），由“四事”（四件）或“五事”（五件）组成。对照包块中提取出的服饰实物，一套晚唐女装应包括裤、裙、衫（衫有单件或两件套穿）、帔，正是四事或五事。以下便以这部分服饰实物为基础，结合词与画，对晚唐五代女服式样略作考证。

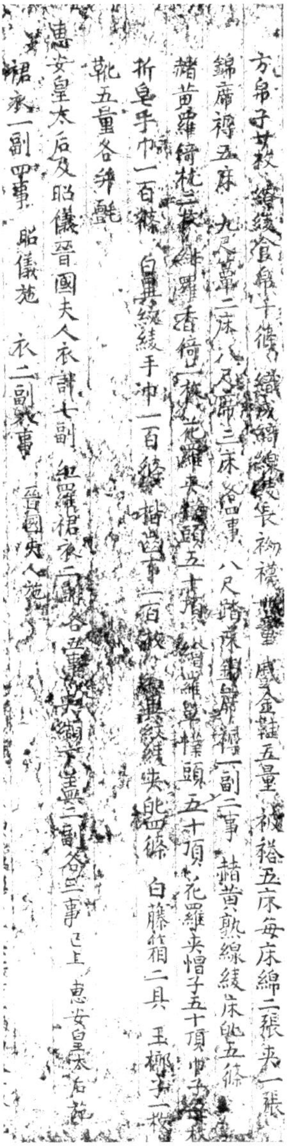

《随真身衣物帐》拓片局部
法门寺地宫出土

披衫

晚唐五代贵族女性中最为流行的上衣式样名为“披衫”“披袍”“披袄子”。据法门寺地宫《随真身衣物帐》所记，寺中原藏有“蹙金银线披袄子”，咸通十五年（874 年）僖宗供奉衣物中又有“可幅绫披袍五领，纹縠披衫五领”。当时诗人和凝对此类服饰有颇多描写：

柳色披衫金缕凤，纤手轻拈红豆弄，
翠蛾双敛正含情。
桃花洞，瑶台梦，一片春愁谁与共？

——《天仙子》

披袍窣地红宫锦，莺语时转轻音。
碧罗冠子稳犀簪，凤凰双飐步摇金。

——《临江仙》

云行风静早秋天，竞绕盆池蹋采莲。
罨画披袍从窣地，更寻宫柳看鸣蝉。

——《宫词》

这类衣物的具体式样应如五代后蜀时人冯鉴在《续事始》中所述："《实录》曰：披衫，盖从褕翟而来，但取其红紫一色，而无花彩，长与身齐，大袖，下其领，即暑月之服。"披衫是从贵族女性的礼服翟衣演变而来，脱离国家仪式走入了日常生活；长度等于身长，领口在胸前不作交掩地直垂而下，作为暑热时节穿用的清凉服装，采用轻薄而无华彩的织物裁制。

披袄或披袍式样类同于披衫，但材质选用绣罗或彩锦，更为厚重，如马缟《中华古今注》中所记，"宫人披袄子，盖袍之遗象也……多以五色绣罗为之，或以锦为之，始有其名"。

在已经成功提取的法门寺地宫出土衣物中，两件套穿的长衣式样一致，宽口长袖，衣长及足。在内的一件使用细薄的绮裁制，应即披衫；在外的一件以团窠纹绮为面，平纹绢为里，应即披袍。两件衣物都在对襟正中加缝系带，袖形方正。

对照这两件衣物还可发现文献中没有提到的细节——两层长衣都在衣身侧面留有长长的开衩。这种开衩原是为方便骑马而设计。魏晋以前的中原地区，人们需将没有衣衩的外衣下摆掖进后腰，才能开胯乘马；但北朝隋唐以来，男子为了乘马之便，更多采用这种来自西域胡服、身侧开衩的“缺胯”式袍服作为日常衣装。晚唐贵族女性的日常时装吸收了这种式样，只是结合当时女子宽衣长裙的时尚来看，开衩已然脱离了方便乘马的本意，成为一种单纯的装饰构造。

在奢侈世风的影响之下，披衫时尚愈演愈烈，乃至敦煌藏经洞所出的《引路菩萨图》中，作为供养人的“清信女”身上都出现了大袖披衫长垂、宽博长裙曳地的形象；至于中原地区，后唐庄宗甚至不得不于同光二年（924 年）下诏特加管束：“近年已来，妇女服饰，异常宽博，倍费缣绫。有力之家，不计卑贱，悉衣锦绣。宜令所在纠察。”[①]

① 《旧五代史 · 唐庄宗纪》。

《引路菩萨图》局部

敦煌莫高窟藏经洞出土

（左）法国吉美博物馆藏

（右）英国大英博物馆藏

晚唐女性形象

《南无药师琉璃光佛》绢画局部／敦煌莫高窟藏经洞出土／英国大英博物馆藏

五代女性形象

《引路菩萨图》局部／敦煌莫高窟藏经洞出土英国大英博物馆藏

五代女性形象

前蜀周皇后像／成都永陵博物馆藏

五代女性形象

闽国王后刘华墓女俑／福建博物院藏

五代女性形象

扬州邗江五代墓女俑

扬州市文物局．韫玉凝晖：扬州地区博物馆文物精粹[M]. 北京：文物出版社，2015.

五代女性形象

南唐保大元年（943 年）或保大四年（948 年）李昪陵女俑／南京博物院藏

唐僖宗咸通十五年（874 年）
法门寺地宫出土服饰形象构拟

发式妆容：参考同时期壁画形象绘制

服饰：据出土服饰实物组合而成

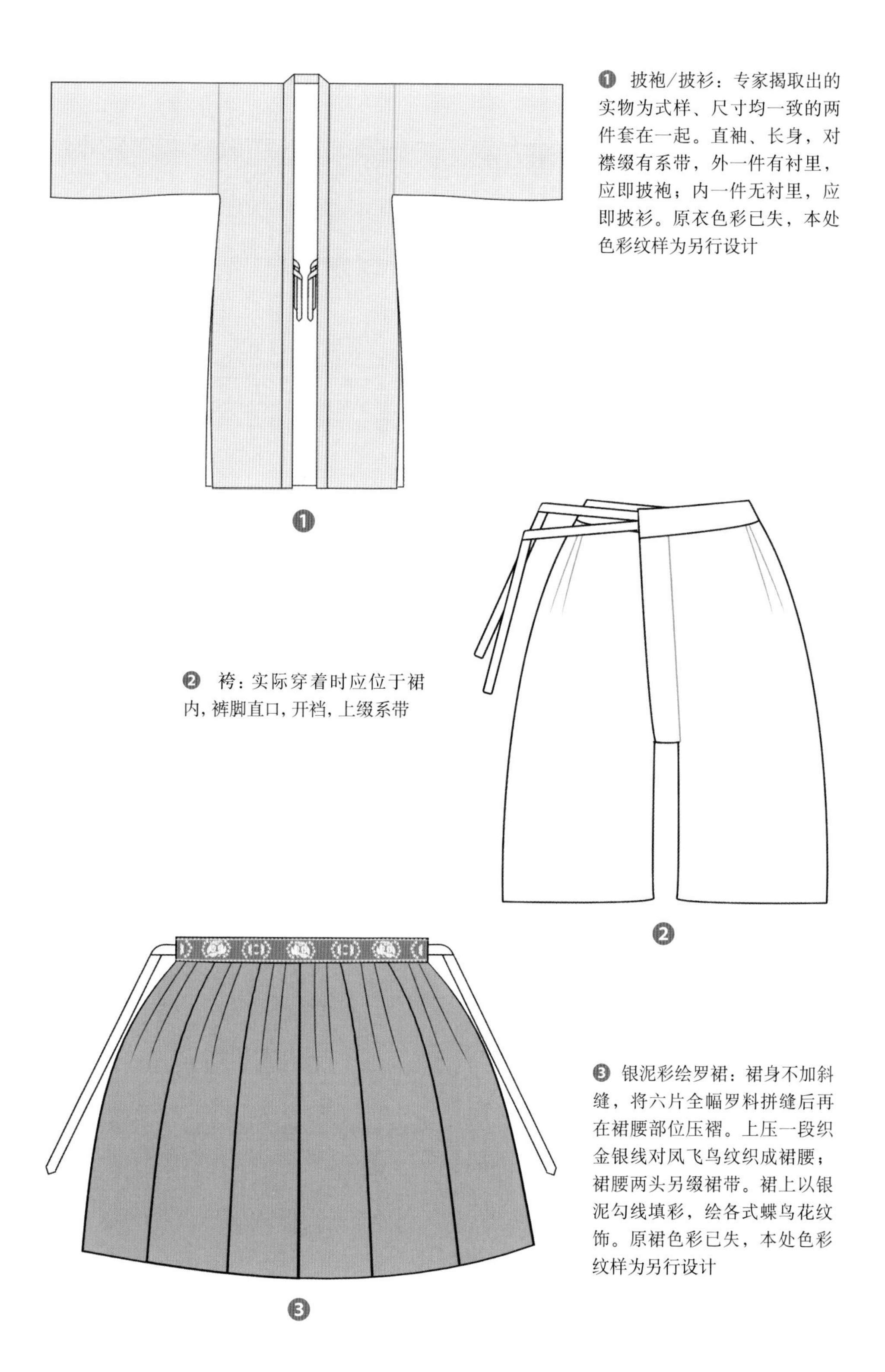

❶ 披袍/披衫：专家揭取出的实物为式样、尺寸均一致的两件套在一起。直袖、长身，对襟缀有系带，外一件有衬里，应即披袍；内一件无衬里，应即披衫。原衣色彩已失，本处色彩纹样为另行设计

❷ 袴：实际穿着时应位于裙内，裤脚直口，开裆，上缀系带

❸ 银泥彩绘罗裙：裙身不加斜缝，将六片全幅罗料拼缝后再在裙腰部位压褶。上压一段织金银线对凤飞鸟纹织成裙腰；裙腰两头另缀裙带。裙上以银泥勾线填彩，绘各式蝶鸟花纹饰。原裙色彩已失，本处色彩纹样为另行设计

襶（kè）裆

在披衫流行的同时，用作女子盛装的上衣又有一种特别式样，名为“襶裆”。这一衣物名称初见于唐传奇《霍小玉传》中：“生忽见玉穗帷之中，容貌妍丽，宛若平生。着石榴裙、紫襶裆、红绿帔子。斜身倚帷，手引绣带。”

敦煌文书中亦有多份提到襶裆，而且由文书上具体的纪年可知，这类衣物从中唐一直流行到宋初。如《癸酉年（793 年）二月沙州莲台寺诸家散施历状》中有“紫紬襶裆”“新黄绫襶裆”。又如，写于宋太平兴国九年（984 年）的文书《邓家财礼目》，是当时敦煌归义军节度都头知衙前虞候阎章仵给其邓姓亲家送去的财礼清单；其中赠与新娘的衣着一共六套。据此可知，一套盛装是由裙、襶裆 / 衫子、礼巾 / 被（帔）子组成：

碧绫裙一腰、紫绫襶裆一领、黄画被子一条，三事共一对。

红罗裙一腰、贴金衫子一领、贴金礼巾一条，三事共一对。

绿绫裙一腰、红锦襶裆一领、黄画被子一条，三事共一对。

紫绣裙一腰、紫绣襶裆一领、紫绣礼巾一条，三事共一对。

又红罗裙一腰、红锦襶裆一领、黄画被子一条，三事共一对。

又紫绣裙一腰、绣襶裆一领、绣礼巾一条，三事共一对。

晚唐女性形象

唐哀帝天祐元年（904 年）/ 河北平山王母村唐代崔氏墓壁画

河北省文物研究所，等．河北平山王母村唐代崔氏墓发掘简报[J]. 文物，2019,（6）.

又绿绫裙一腰、红锦襚裆一领、银泥礼巾一条，三事共一对。

在敦煌文书《下女夫词》写本中有一首《脱衣诗》，是新郎为新娘脱去婚服时所吟咏：“山头宝径甚昌扬，衫子背后双凤凰。襚裆两袖双鸦鸟，罗衣折叠入衣箱。”可知这套盛装组合是唐人民间嫁娶的女子婚服。而且襚裆既与衫并列，那么其式样大约也与衫接近。所谓“裆”，是指一片当胸、一片当背的内衣“裲（liǎng）裆”；“襚裆”之名大约即是取其掩盖于裲裆之外的意思。

自法门寺地宫揭取的衣物中，恰有一式上衣，区别于长身的披衫，也不同于唐人日常所用短身的衫，而是衣身极短，与衣身近乎平齐的直筒式样。前后长度相当，恰可掩住内衣。具体穿着时，或将衣领做对襟松敞在外，或需依靠折叠拉伸将袖根掖入裙腰，这极可能便是当时的襚裆。

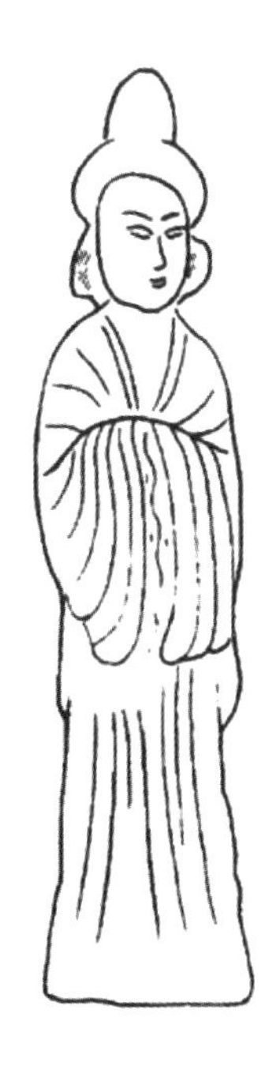

晚唐女性形象

约唐懿宗咸通年间 / 西安西郊枣园唐墓女俑

陕西省考古研究所 . 西安西郊枣园唐墓清理简报 [J]. 文博，2001，(2) .

唐僖宗咸通十五年（874年）法门寺地宫出土服饰形象构拟

发式妆容：参考同时期俑像绘制

服饰：据出土服饰实物组合而成

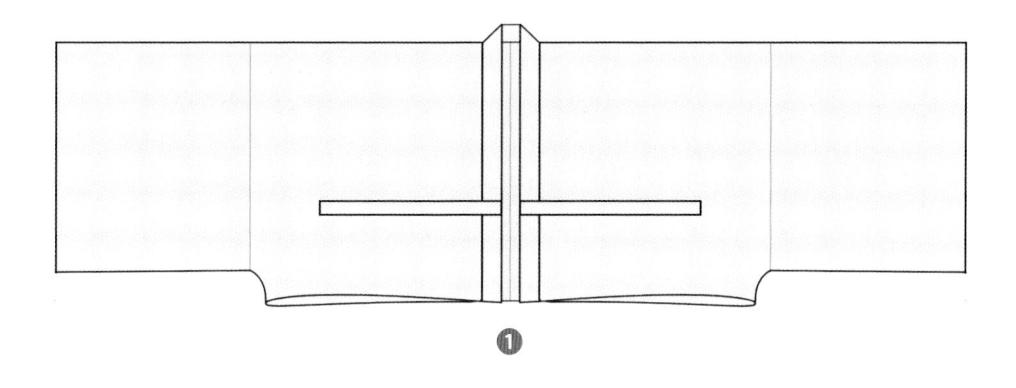

❶ 宽袖上衣：衣身长度与袖口基本平齐。原件领部已残，形制不明，现参考同时期壁画形象推测。色彩已失，本处复原色彩为另行设计

❷ 袴：推测式样与前同，仍是开裆、裤脚直口的式样

❸ 蹙金银线绣裙腰银泥彩绘长裙：将罗料裁为二十四片上窄下宽的长条，再拼缝为整片成裙，裙上以银泥勾线填彩，绘各式蝶鸟花纹饰。上压一段金银线流云麒麟纹织成裙腰，另行加缝裙带于裙腰两侧。原裙色彩已失，本处复原色彩纹样为另行设计

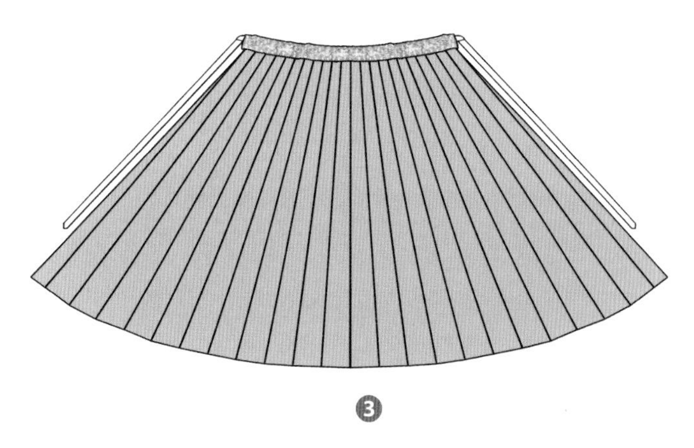

袴与长裙

与上衣对应，晚唐五代时期女子的下装是袴与长裙。从《花间集》中便能看出当时女子内穿裤装、外罩长裙的衣着层次：

瑟瑟罗裙金线缕，轻透鹅黄香画袴。垂交带，盘鹦鹉，袅袅翠翘移玉步。背人匀檀注，慢转娇波偷觑。敛黛春情暗许，倚屏慵不语。[①]

袴或写作绔，式样如法门寺地宫衣物包块中揭取出的两身式样一致的长裤，上为开裆，下是两个大口裤筒。这是南方式的裤装形式，自安史之乱后逐渐取代了唐前期流行的北方胡服式小口袴，成为女子内衣的流行式样。

晚唐五代流行的裙装则大多裙摆宽、裙幅多、裙身长。以花间一句“六幅罗裙窣地，微行曳碧波”[②]描述最为贴切。法门寺地宫出土的两腰长裙式样各不相同，一式不加斜缝，纯将六幅正幅罗料平缝，再在裙身部位打上十二道顺褶，上压一段织金银线对凤飞鸟纹织成裙腰；一式将罗料裁为二十四片上窄下宽的长条，再逐一拼缝成整片，上压一段金银线流云麒麟纹织成裙腰。裙带均是另行加缝于裙腰两侧。待裙缝制好后，又以银粉调胶合成的银泥在罗裙上细细勾描出蝶鸟花卉纹饰轮廓，最后填以彩绘。虽因年久裙色已失，但《花间集》中多记女子裙色，可资对照想象——“记得绿罗裙，处处怜芳草”[③]“小鱼衔玉鬓钗横，石榴裙染象纱轻”[④]“却爱蓝罗裙子，羡他长束纤腰”[⑤]。

① 顾夐，《应天长》。

② 孙光宪，《思帝乡》。

③ 牛希济，《生查子》。

④ 阎选，《虞美人》。

⑤ 和凝，《何满子》。

因着披衫的对襟式样，女性过去用作内衣的抹胸有了露出在外的可能；然而内衣外露终被视作不雅，于是唐女有了在长裙腰上再加缝一段宽装饰花片的做法；到了五代，这一式样蔚然成风。这段花片往往与裙身使用同一式样的色彩纹饰，形为拱起的弧状，如《簪花仕女图》中右起第二人；更有精致者作花瓣形态，如五代后唐同光二年（924 年）王处直墓壁画中侍女腰间所系。

五代女性形象

后唐同光二年（924 年）/王处直墓壁画

河北省文物研究所，保定市文物管理处．五代王处直墓 [M]. 北京：文物出版社，1998.

五代佚名《簪花仕女图》

辽宁省博物馆藏

花襜（chān）裙（花蔽膝）

在裙与裤之间，晚唐五代女子还独有一层特殊的衣式，名唤“襜裙”。大约因当时女子骑马外出时露出内穿的裤装终究有所不妥，于是另加一件遮蔽在身前的围裳。白居易《同诸客嘲雪中马上妓》中一句“银篦稳篸（zān）乌罗帽，花襜宜乘叱拨驹”已解释得清楚。襜裙俗名蔽膝，韩偓有“香侵蔽膝夜寒轻，闻雨伤春梦不成”（《闻雨》），“遥夜定嫌香蔽膝，闷时应弄玉搔头”（《青春》）。诸诗似也说明它最初来源于平康妓馆、风流薮泽，而出行自有轩车的宫廷贵妇则无须用它，因此法门寺地宫《随真身衣物帐》中未见。

晚唐以来的频繁战乱，导致女子出行次数增多，襜裙开始大为流行。如后蜀宋王赵廷隐墓出土彩陶伎乐俑二十余，歌伎乐女虽在外罩的裙上运用了身侧开衩的衣式，使内侧的袴直接露出，但在身前正中裤与裙间，无一不是露出一角方形或花形的蔽膝。此外，值得一提的是，《花间集》的编纂者、后蜀卫尉少卿赵崇祚，正是赵廷隐长子。

风尚流及宫廷，催生出更为华丽的式样。大约绘制于五代南唐时期、展现宫廷妇人时尚的《簪花仕女图》中，起首一个左手执拂子逗弄小狗的美人，右手轻拢身前红裙，恰好露出绘对蝶纹的袴与敷彩绘花的花形襜裙。和凝写有《山花子》词，仿佛正是要将画中美人状貌一概撷入笔下：

莺锦蝉縠馥麝脐，轻裾花草晓烟迷。

五代女性形象

后蜀赵廷隐墓出土女俑／成都市博物馆藏

鸂鶒（xī chì）战金红掌坠，翠云低。
星靥笑偎霞脸畔，蹙金开襜衬银泥。
春思半和芳草嫩，碧萋萋。
银字笙寒调正长，水文簟冷画屏凉。
玉腕重，金扼臂，淡梳妆。
几度试香纤手暖，一回尝酒绛唇光。
佯弄红丝绳拂子，打檀郎。

晚唐五代以降，襜裙仍在辽金统治地域流行。其实物见于内蒙古吐尔基山辽墓，裙身用三片全幅做成上接裙腰下部分离的三片花形，上以金银线绣出对凤团花图样，出土时穿在墓主六件左衽外衣之下，四腰罗裙之上。这种襜裙外穿的做法，也见于后周显德五年冯晖墓壁画侍女像、内蒙古巴林右旗都希苏木友爱村辽墓木椁彩绘侍女像等。但在中原，襜裙的时尚入宋便逐渐消失。先是汴京城中妓

花襜裙

内蒙古吐尔基山辽墓出土

九州国立博物馆．草原的王朝·契丹·三位美丽的公主[M]．九州：西日本新闻社，2011．

女“不服宽裤与襜”，另制前后开衩的旋裙以便骑驴，而后士人家眷纷纷追慕效仿。即使当时官员如司马光将其视作“番俗”“不知耻辱”[①]，却到底是对风尚大势无能为力了。

①《醴泉笔录》。

五代女性形象

后周显德五年（958年）/冯晖墓壁画

咸阳市文物考古研究所．五代冯晖墓[M]．重庆：重庆出版社，2001．

辽代女性形象

内蒙古巴林右旗都希苏木友爱村/辽墓木椁彩绘

九州国立博物馆．草原的王朝·契丹·三位美丽的公主[M]．九州：西日本新闻社，2011．

五代南唐女性妆束形象

参考《簪花仕女图》绘制

发式妆容：头梳高髻，首翘鬓朵，簪芙蓉花，面绘北苑妆

服饰：身着罗大袖披衫、长裙（内衬有襜裙）

几度春风生碧草，多少红粉委黄泥。
琳琅今归何处去，昔时曾伴玉人栖。
——集句

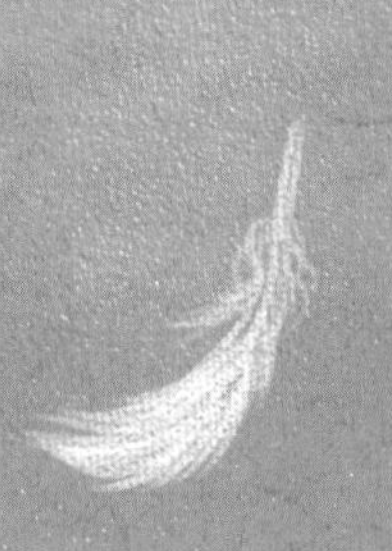

第二篇 / 琳琅

概说

狭义的首饰专指女子头饰，常见的有簪、钗、梳之类。其中簪钗起初都是用以挽发的实用物件，只是簪脚为单股，钗脚为双股；梳则用以理发，亦可插在头上稳固发髻。在实用功能的基础之上再加妆点，便得以为“首饰”。广义的首饰又进一步延伸，包括耳饰、项饰、手饰之类。

在女性时尚拥有无限活力的隋唐五代时期，首饰的装饰功能愈发突显。当时制作首饰的工艺已极精好，玉石琢磨、金银打造、宝石镶嵌，成就了女子首饰的满目琳琅。而首饰式样虽多，却均是合着具体时期的好尚流行做出组合变化。

接下来所讨论首饰的范围将以头饰为主，兼及其他，撷取隋唐五代时期七位女性的首饰加以推测复原，进而探寻首饰背后的故事，一饰一解具体分说，透视不同时期的具体时尚流行。

花钗部

贺若氏／初唐贺若氏墓出土首饰组合

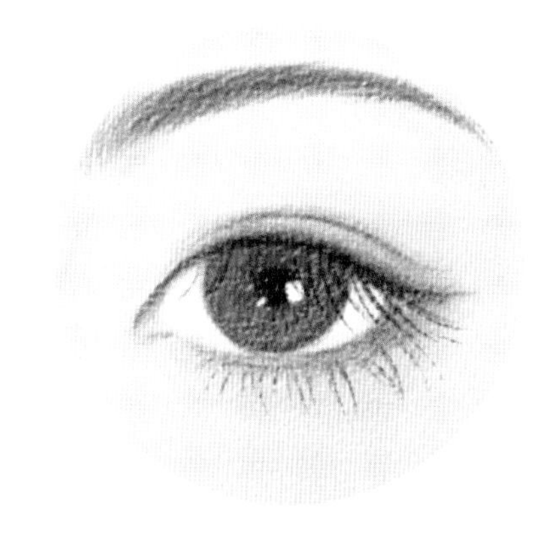

隋左光大夫岐州刺史李公第四女。女郎讳静训，字小孩。淑慧生知，芝兰天挺，誉华髫发，芳流鞶帨。

隋

早夭的金枝玉叶

李静训

1957年中国科学院考古研究所在陕西省西安市西城墙玉祥门外发掘一座隋墓。墓葬规模不大，但随葬品极丰富，其中尤以诸多首饰最为精美。从墓志得知，墓主为北周、隋两朝宗室贵女李静训[①]。

李静训，字小孩，其家世甚为显赫。

其父系，曾祖李贤、祖父李崇均是北周功臣名将；入隋后，李崇官至上柱国，直到隋文帝开皇三年（583年）战死沙场，以身殉国；李崇之子李敏由隋文帝杨坚收养于皇宫之中。

① 中国社会科学院考古研究所．唐长安城郊隋唐墓［M］．北京：文物出版社，1980．

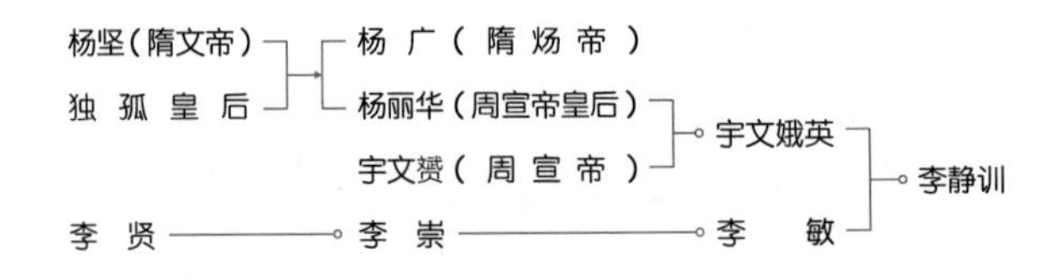

其母系，外祖母杨丽华本是北周重臣杨坚与独孤氏的长女，嫁北周太子宇文赟。后宇文赟即位（周宣帝），杨丽华为皇后；周宣帝早逝，年仅二十岁的杨丽华被尊为皇太后；不久，杨坚自立为帝，改国号为隋，杨丽华改称乐平公主。

杨丽华与周宣帝仅有一女宇文娥英。开皇初年，杨丽华亲为爱女择婿，当时云集宫廷待选的贵公子日以百数，而李敏姿容俊美、擅骑射、工于歌舞弦管，被杨丽华选中。宇文娥英出嫁时，婚礼盛大，如皇帝嫁女一般，杨丽华更借自己的特殊身份，为独生爱女的夫君谋得高官“柱国”。

李静训为李敏第四女，自幼由外祖母杨丽华养于宫中。然而，显赫的家世与外祖母的宠爱并未延长她短暂的生命。隋炀帝大业四年（608年）六月，皇室驾幸汾源宫（位于今山西省宁武县）避暑，李静训不幸染病殁于宫中，年仅九岁。悲痛的长辈下令将她的遗体运回京城，同年十二月葬于大兴城（唐长安城）内休祥里、原用以安置前朝后宫妃嫔的万善尼寺中。虽李静训生前并无封号，但她的葬礼规格超乎寻常：头戴象征宗室贵女身份的花树钗，颈饰来自异域的嵌宝石金项链，手饰金镯与金指环各一对，周身被奇珍异宝环绕；下葬后“即于坟上构造重阁，遥追宝塔”，作为超度祈福之场所。李静训的早夭虽为不幸，却使她得以逃避更加不幸的家族命运。在她死后的第二年，即大业五年（609年），最宠爱她的外祖母杨丽华辞世；大业十年（614年），父亲李敏因受隋炀帝猜忌，遭处死；数月后，母亲宇文娥英被赐鸩毒死。在李静训死后第十年，曾经煊赫一时的隋朝烟消云散。

李静训墓中出土的各式首饰，让我们得以了解当时一位皇室金枝玉叶的首饰详情。后来这些文物均入藏中国历史博物馆（今中国国家博物馆）。

形象复原依据

考古发掘时，李静训佩戴首饰的相对位置保持较好。闹蛾金银珠花树头钗戴在头顶正中，颈部为一串嵌有宝石的金项链。此外有水晶钗与白玉钗各三、木质插梳一，位置不明。

金镶宝珠项链

以金丝编制的链索串起二十八颗金质球形珠，金珠均由十二个小金环焊接而成，其上又各嵌珍珠十颗。项链上端正中圆金饰内嵌凹刻角鹿的深蓝珠饰，左右各有金钩挂起项链两端的方形嵌青金石饰件。项链下端居中为一嵌鸡血石嵌珍珠的圆金饰，左右两侧各有一星形金饰及一圆金饰，上均镶嵌蓝色珠饰。圆金饰边缘嵌珍珠一周。鸡血石下挂一水滴形嵌蓝水晶金饰。项链充满浓郁的域外风格，应是自中亚或西亚传入。

闹蛾金银珠花树头钗

头钗下部是三枚钗脚，上为圆金片卷作荷叶状的台座，台座上又有二卷环，其上生出金丝制作

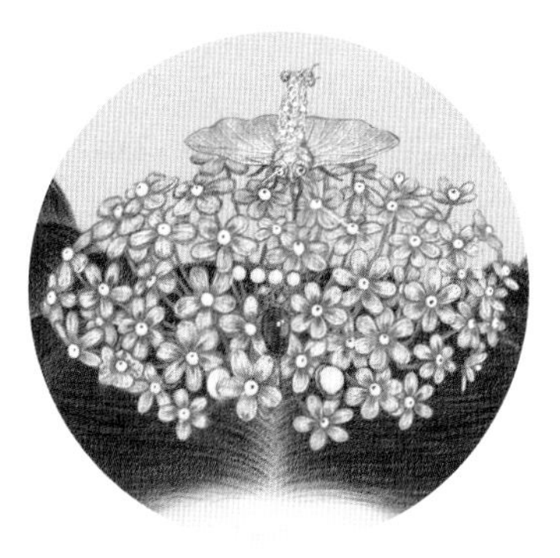

闹蛾金银珠花树头钗

李静训墓中出土头饰（闹蛾金银珠花树头钗）

陕西省博物馆.隋唐文化[M].上海：学林出版社，1990.

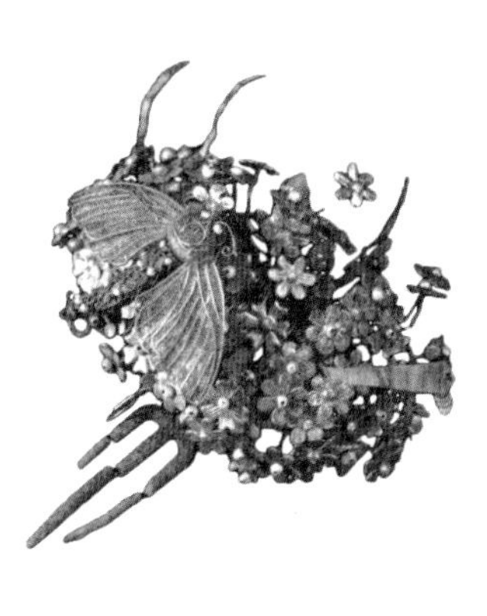

白玉钗、水晶钗

李静训墓中出土头饰（白玉钗、水晶钗）

中国社会科学院考古研究所.唐长安城郊隋唐墓[M].北京：文物出版社，1980.

金镶珠宝项链

李静训墓出土金镶珠宝项链

李炳武，韩伟.中华国宝：陕西珍贵文物集成：金银器卷[M].西安：陕西人民教育出版社，1998.

的花枝，枝上缀以六瓣金花、三角金叶，花蕊中嵌珍珠。花朵之间亦有宝石花蕾和如意云头长条形金片。头钗顶部为一只展翅飞蛾，以较粗金丝编出翅膀与躯体，再用细金丝层叠编织填补细部。躯体中空，外绕缀有珍珠的金丝网，其中可盛香料；飞蛾以珍珠为眼，金丝为触须。

❀ 首饰小识：花树

李静训头上所戴的闹蛾金银珠花树头钗，在当时被称作“花树”或“花钗”，这种首饰与规定贵族女性等级的命妇制度密切相关[①]，是贵妇们身着盛装时用以彰显身份的头饰。因着身份高低差异，她们能够使用的花树数量也有所不同。这一做法在李静训的母族、北周皇室宇文氏统治时期就开始被列入国家礼仪典章，进而成为一种制度，隋朝依旧

① 由国家册封贵族女子以特定的称号，接受称号者即被称为命妇。后宫妃嫔等称“内命妇”，朝廷大臣的母亲、妻子及其他有封号的贵族女性称“外命妇”。

◀ ▲

李静训墓出土闹蛾金银珠花树头钗

（左）朝日新闻社．大唐王朝之华——都长安的女性们[M]．京都：便利堂，1996．

（上）扬之水．步摇花与步摇冠[N]．文汇报，2019-07-05．

沿袭。到了唐朝，朝廷颁布的《衣服令》中仍有这类规定——如唐时皇后身着大礼服时，头戴十二花树；皇太子妃服“首饰花九树”；内外命妇服，一品“花钗九树”，二品“花钗八树”，依次递减[1]。花树多以纤小的金银花片、琉璃花片及珍珠制作，极易损坏，因此如今考古发现的大多是残损的花枝或零落的花片，李静训的花树是极难得的完整例子。初唐入葬的前隋萧皇后墓中也出土有一顶花树头冠，虽这顶唐朝皇室为前朝皇后所制的头冠颇为粗劣，但可以看到残存的花树作簇生莲花与荷叶的状貌，花蕊中更以微雕白石小饰物嵌出佛教故事中天人自莲花化生的过程。

在《唐薛丹夫人李饶墓志》中，描写了一位头钗花树的唐朝贵妇人入宫朝见皇太后时的优雅风姿：

元和元年，外命妇朝王太后于兴庆官之前殿。他官母妻咸惴栗恐惧，赞拜几不毕。夫人服品服，

① 《旧唐书·舆服志》。

▼

云冈石窟第五窟窟顶莲花化生浮雕

吉村怜．天人诞生图研究：东亚佛教美术史论文集[M]．上海：上海古籍出版社，2009．

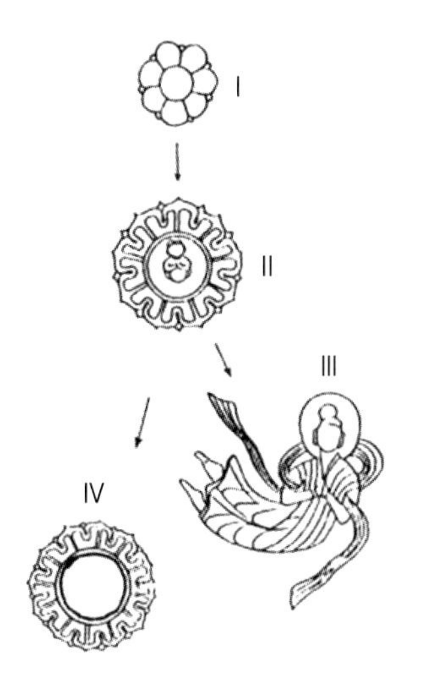

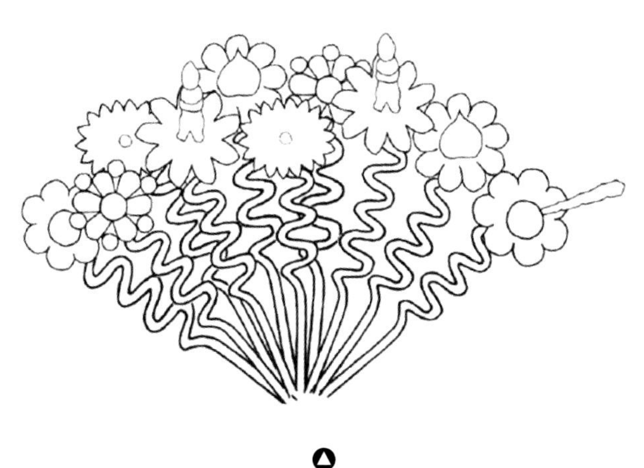

▲

初唐萧皇后冠饰花树结构

陕西省文物保护研究院，扬州市文物考古研究所．花树摇曳·钿钗生辉：隋炀帝萧后冠实验室考古报告[M]．北京：文物出版社，2018．

首钗六树，衣翟六等，黼（fǔ）领朱褾，加侯佩小绶，雅独雍容，进退动合仪度，在内廷观者咸多之。尚书公曰：“若夫人，诚可以当崇封矣。”明日，叙得陇西县君。

不过，对于身份较高的贵妇人而言，需要佩戴的花树过多，一树树插戴在头顶的过程过于繁冗；因此可以把多簇花树直接安装在一种冠形框架“蔽髻”上，使用时直接以冠的形式戴在梳好的发髻之上。如日本京都上品莲台寺所藏《过去现在因果经》绘卷中，出家前身为太子的释迦牟尼与王妃耶输陀罗坐于宫殿之中，王妃头上正戴了一顶花树冠。

为了将这顶花冠戴稳，又可将两枚附有华丽饰物的长簪或长钗分别插在花冠两侧。这类饰物名为“博鬓”，其实物早见于北齐贵族娄睿的墓葬中；唐代的博鬓存在多种形式，初唐萧皇后墓中的博鬓结构是直接附着于冠体两侧，而西安建筑工地出土的一组冠饰组件中，博鬓下还附着有长钗。

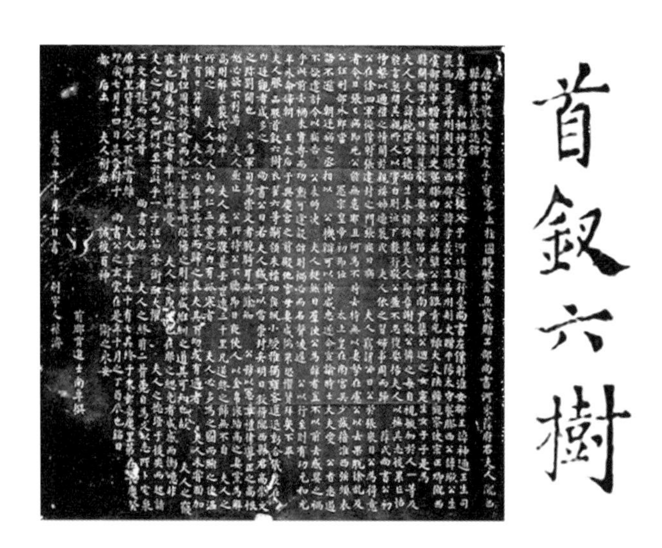

唐薛丹夫人李饶墓志拓片

赵振华．洛阳古代铭刻文献研究[M]. 西安：三秦出版社，2009.

上品莲台寺藏《过去现在因果经》绘卷局部

田军，等．日本传统艺术．第一卷．叙事画卷[M]．重庆：重庆出版社，2002．

❀首饰小识：宝钿莲台

虽花树可以起到区分命妇等级的作用，但当一众贵妇人聚集时，她们头上都是一簇簇金光闪烁的花树，便很难分辨。这时另一种饰物“宝钿”[①]也加入了头饰之中，其形如莲花花瓣，数量也同花树一样依照命妇的身份变化。具体佩戴时可以将宝钿组装在长钗端头，直接插戴；也可组装在名为“蔽髻”的罩发框架上。一瓣即是一钿，在头顶的正前方组成一朵盛开的莲台。

莲花在佛经中格外被推崇，西方极乐世界中莲台分为九等。于是在盛行佛教信仰的北朝时期，一品命妇以九钿作为头饰，以下等级依次递减。但对于皇后而言，九品莲台亦居下品，头顶十二瓣莲台花冠的北魏皇后已出现在洛阳龙门石窟的皇后礼佛图浮雕之中。一枚北朝时期的天人化生莲瓣形宝钿，出土于远嫁东魏的茹茹（柔然）公主郁久闾·叱地连（她的夫

① 隋唐人常说的“宝钿”，指的是镶嵌各式珠宝的金质或铜鎏金的片状花饰。

北齐娄睿墓出土博鬓

山西省考古研究所，太原市文物考古研究所．北齐东安王娄睿墓[M]．北京：文物出版社，2006：彩版一五七．

初唐萧皇后墓出土博鬓

陕西省文物保护研究院，扬州市文物考古研究所．花树摇曳·钿钗生辉：隋炀帝萧后冠实验室考古报告[M]．北京：文物出版社，2018．

西安建筑工地墓葬出土博鬓

截取自日本NHK电视台纪录片《遗失的长安》

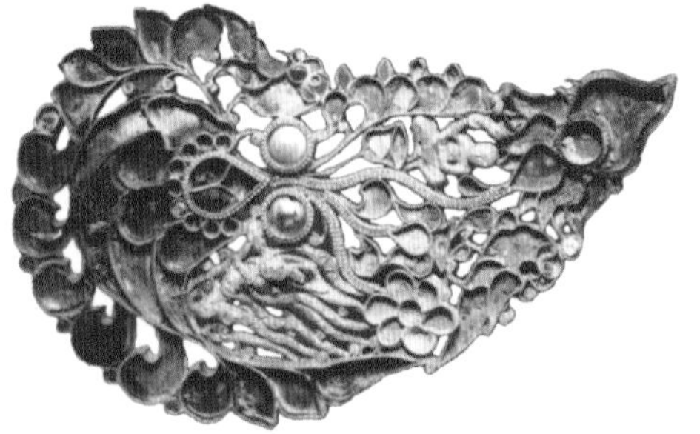

天人化生莲瓣金钿

东魏茹茹公主墓出土

邯郸市文物研究所．邯郸古代雕塑精粹[M]．北京：文物出版社，2007．

① 磁县文化馆．河北磁县东魏茹茹公主墓发掘简报[J]. 文物，1984，(4).

君即后来的北齐武成帝高湛）墓中[①]。隋朝统一南北时，依然采用这种充满佛家意味的莲冠制度，与承袭自北周的花树制度结合在一起。

在唐朝，文化呈现一种更为兼收并蓄的状态。吴王李恪妃杨氏拥有细节独特的莲瓣形宝钿——其上竟以景教（基督教分支聂斯脱里派）标志十字架作为装饰纹样。在一座立于唐建中二年（781年）记述景教在唐代流传情况的石碑“大秦景教流行中国碑”上部，十字架也立在一朵莲花之上。

北魏皇后礼佛图浮雕局部

龙门石窟宾阳中洞石刻／美国纳尔逊艺术博物馆藏

长广敏雄．中国美术·第三卷·雕塑[M]．东京：讲谈社，1973.

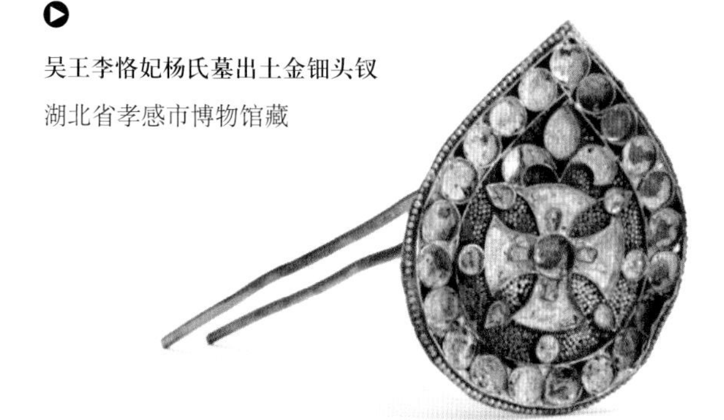
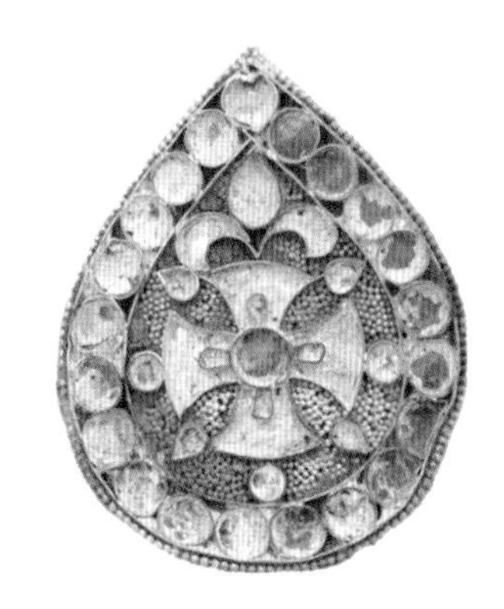

吴王李恪妃杨氏墓出土金钿头钗

湖北省孝感市博物馆藏

唐大秦景教流行中国碑拓片局部

石碑现藏于西安碑林博物馆

本书作者据旧拓改制

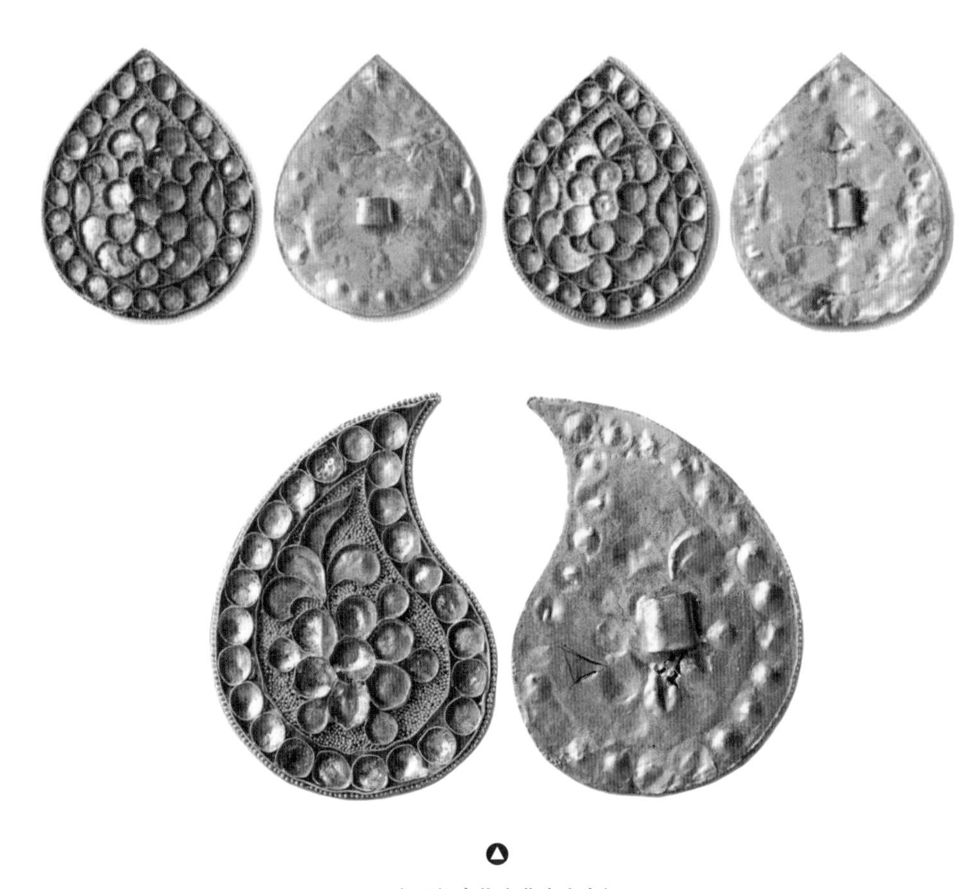

西安西郊唐代窖藏出土金钿

西安博物院．金辉玉德：西安博物院藏金银器玉器精萃 [M]．北京：文物出版社，2013．

总而言之，虽然这种礼仪性质的头饰有着严格的等级制度需要遵守，但贵妇们完全可以在细微之处，如宝钿的装饰上，选用自己喜爱的纹饰。一顶花冠也反映着唐人的大气魄。正如白居易于唐宪宗元和九年（814年）所作长诗《渭村退居寄礼部崔侍郎翰林钱舍人》中形容一次宫廷聚会，呈现的情形是“分庭皆命妇”“贵主冠浮动”“金钿相照耀”，诸位公主、命妇们头戴精巧的花冠，花树浮动，金钿照耀。

唐武宗会昌三年（843年），唐朝迎回曾和亲回鹘的太和公主（唐宪宗之女，归国后封定安大长公主），史书记载公主归来情形，曾在光顺门外换下身上礼服、取下头上“冠钿”为和亲终结请罪；在武宗派遣人慰劳后，公主才又戴上“冠钿”入宫朝见天子。[①]据此可知，当时已直接将这种礼冠称作了“冠钿”。

此外，值得一提的是，西安西郊曾出土一小缸，其中储藏着一组残损的金钿、博鬓[②]。这大约是在唐朝遭遇战乱时，某位贵妇人匆忙逃离长安城前所埋下的，不过其后的故事却已消散无踪。

① 《新唐书》卷八三：“主乘辂谒宪、穆二室，欷歔流涕，退诣光顺门易服、褫（chī）冠钿待罪，自言和亲无状。帝使中人劳慰，复冠钿乃入，群臣贺天子。”本处“钿”字原从古字写作“镆”。

② 王长启.西安市出土唐代金银器及装饰艺术特点[J].文博．1992，(3).

大唐吴国妃杨氏。

初唐 流落南土的王妃

吴国妃杨氏

1980年，考古人员在湖北安陆清理发掘了一座唐代大墓。墓室中出土一方墓志，盖上题写“大唐吴国妃杨氏之志”，据此可知墓主人是唐代某位吴王之妻[①]。可是当考古工作者揭开墓志盖时，却发现下方的墓志凹凸不平全无一字。这种少见的情形不像是盗墓者所为，反而更像是王妃下葬不久，墓中就遭人刻意损毁破坏。虽墓志已被磨灭文字，但沿着史书记载的线索，可以试着追寻被抹去的故事。

吴王李恪是唐太宗李世民与隋炀帝女杨妃之子，兄弟间排行第三。这个拥有两朝皇家血统的皇子，自幼受太宗喜爱，被寄予厚望。他文武双全，精于骑射，颇通文史，名望颇高，太宗甚至认为其与自己相似。父母为他娶来的王妃杨氏，也是隋

① 孝感地区博物馆，安陆县博物馆．安陆王子山唐吴王妃杨氏墓[J]．文物，1985，(2)．

朝宗室旁支后人。但大约是因为李恪有着前朝皇室的血统，太宗一开始并未把他纳入继承人的选择范围。哪怕有着治国的才能与抱负，李恪也只能远避南方任官，试图恬淡地度过余生。不过正因如此，他得以避开朝廷中诸皇子争夺皇位的政治斗争。这对于吴王妃而言，算是一个美好的开端，接下来夫妇富贵平安一生的故事仿佛已能预见。

然而，身为皇子，李恪摆脱不了身世带来的命运。在朝廷的权力斗争中，太宗一度考虑立李恪为太子，但在权臣即长孙皇后的兄弟长孙无忌的极力劝说下，太宗最终选择了皇后所生的第九子李治为太子。唐太宗辞世后，李治继位，是为高宗。这时长孙无忌作为高宗舅父，想起曾被太宗欣赏的皇子李恪，认为他是外甥皇位的潜在威胁，欲除之而后快。唐高宗永徽三年（652年）末，长孙无忌刻意将李恪牵扯进一桩谋反案。这时李恪正出任安州（在今湖北安陆）刺史，却不得不与妻子告别，独自走上死路。吴王妃仿佛预料到了丈夫的命运，先他一步去世，独葬在安州。永徽四年（653年）二月，李恪在长安被定罪赐死，草草葬在长安城外。长孙无忌转而又想起葬在安州的吴王妃，怀疑她的墓志也许记载了夫君李恪的冤情，便命人将她的墓葬摧毁，将墓志文字凿去。

虽然王妃墓遭毁，但在千余年后，我们仍能见到墓中出土的大量精美首饰，有机会对这位王妃的妆束进行推测还原。目前这些文物分别收藏在湖北省博物馆、孝感市博物馆与安陆市博物馆。

形象复原依据

由于吴王妃杨氏墓在唐代已遭毁坏，遗落的首饰并不完整且相对位置不明，这里参考了时期接近的唐高宗龙朔三年（663年）唐太宗二十一女新城长公主墓壁画上的女性形象进行补全。她们在头顶发髻两侧梳起宽大的发鬟，这是由南朝流行的发式演变而来，在唐朝时可能名为“双鬟望仙髻”。花簪两式各两支（王妃杨氏仅存两式各一支）对插在两侧发鬟上。杨氏还有四枚装钿头的长金钗，可用以撑起、固定高大的发鬟。

新城长公主墓壁画仕女局部

陕西省考古研究所，等. 唐新城长公主墓发掘报告 [M]. 北京：科学出版社，2004.

吴王妃杨氏墓出土各式头饰

孝感地区博物馆，安陆县博物馆．安陆王子山唐吴王妃杨氏墓[J]. 文物，1985，(2)．

◀ 金镶玛瑙头钗

湖北鄂州六朝墓出土／湖北鄂州市博物馆藏

饶浩洲．鄂州馆藏文物精品图录[M]．武汉：湖北美术出版社，2016．

金丝花簪

吴王妃杨氏墓出土的两支花簪，簪首以纤细的金丝扭结盘曲成多层图案纹样，一支轮廓为五瓣花形，中间对立一双小鸟；另一支纹饰与莲瓣形的宝钿一致。两支花簪边缘均缀有金箔剪成的小花。簪身前端均有九小孔，原本悬挂有铃铛等饰物。在时代更早的南朝墓葬中，出土有一支钗头装饰风格一致的金钗，以金筐镶嵌一块玛瑙，四周装饰金粟连成的卷云纹。而时代稍晚的法门寺地宫中，也出土有以木匣盛放的一枚花头银簪，柄上有多孔，与吴王妃的金簪类似。

▲ 花头银簪

法门寺地宫出土

韩生．法门寺文物图饰 [M]．北京：文物出版社，2009．

首饰小识：隔江犹唱后庭花

烟笼寒水月笼沙，夜泊秦淮近酒家。
商女不知亡国恨，隔江犹唱后庭花。

杜牧《泊秦淮》一诗已为人熟知，诗中所言“后庭花”，指源于南朝陈后主所作的乐曲《玉树后庭花》。它的创作伴随着陈朝的衰败灭亡，因此素来有着“亡国之音”的恶名。然而在隋唐时，《玉树后庭花》仍时时演奏，甚至受到相当的重视，在宫廷大曲中依然使用[①]。《玉树后庭花》配有

① 当时的“清乐”中包含《玉树后庭花》。所谓清乐，即经过朝廷认可的、汉魏以来中原地区的古典音乐，因由清商令或清商署管理而得名。清乐一度被视作“华夏正声”。

舞蹈，与之搭配的舞女头饰则是“漆鬟髻”与“金铜杂花”。如陕西礼泉咸亨三年（672年）唐太宗妃燕氏墓壁画中的舞伎，头梳高大的发鬟，其间装饰繁复细碎的花饰。

这套首饰甚至还一度随着乐曲远传日本，在日本史上留下了记载：“堀河帝尝闻元兴寺藏有《玉树》装束，遣左大办大江匡房检之。柜上题曰：《玉树》

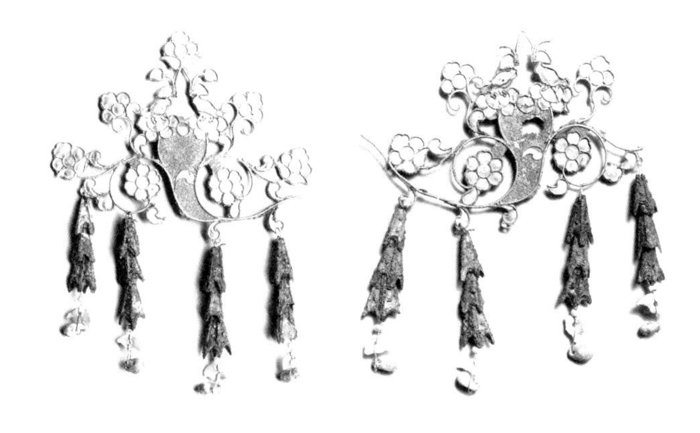

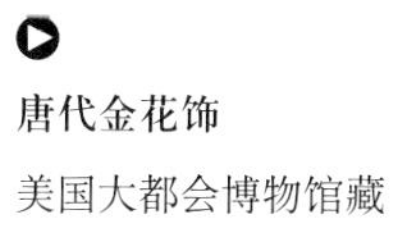

唐代金花饰

美国大都会博物馆藏

燕妃墓舞伎图壁画局部

昭陵博物馆．昭陵唐墓壁画[M]．北京：文物出版社，2006．

《金钗两臂垂》装束二具。其装束美丽无比，金冠贯以五色玉，饰以各色丝，似神女装束……玉贯如天冠者，金钗皆系采玉金铃。”“金钗皆系采玉金铃”又作“付金钗悬勾玉并有金铃”[①]。美国大都会博物馆收藏有一对唐代金花饰，下端各挂四串垂饰，以三枚相叠的金铃、一枚勾状小玉、一粒珠状宝石串系而成，正与记载一致。

① 《大日本史》“玉树后庭花”条；又《续教训抄》“玉树后庭花”条。葛晓音，户仓英美．唐代女舞《玉树后庭花》及《霓裳羽衣曲》之舞容考[M]//邓小南．唐宋女性与社会[M]．上海：上海辞书出版社，2003．

不仅舞伎做如此打扮，唐高宗时代的宫廷女性也喜爱这种来自江南、如神女装束一般风雅秀丽的发式与首饰。她们头梳宽大的鬟髻，簪钗之上缀着各式金质小花、小铃与挂珠，行走时金花摇颤，小铃发出悦耳的声音。吴王妃杨氏的头饰，正是体现这一宫廷风尚的实物。虽然高起长鬟在当时的时尚中只是昙花一现，此后便逐渐成为日常很少用到的礼装或神仙装束的特征；但这类首饰仍旧流行到了盛唐。如时代稍晚的永泰公主李仙蕙墓，依然出土有类似的小金铃饰实物，石椁上亦刻有装饰小铃串饰的女子形象。即使花与铃已随着历史之风四散零落，仍令我们得以窥见当时皇家蔚然成风的情景。

永泰公主墓石椁线刻仕女局部

陕西省文物管理委员会．唐永泰公主墓发掘简报[J]．文物，1964，(1)．

❀ 首饰小识：钿头钗子

吴王妃头上所饰的嵌宝金钗，被唐人称作“钿头钗子”，在礼制中可简称为“钿钗”。它大约起源于隋朝，马缟《中华古今注》“钗子”条记载，隋炀帝时“宫人插钿头钗子”。其结构是分制空心的钗脚与嵌宝的钗头，两者组合好后，接合处又以插销连接。早唐时期流行的钗头钿饰做一朵莲花纹样，典型如隋炀帝萧皇后墓出土的四件鎏金铜钗、

① 初唐贺若氏墓中曾出土一组冠饰，配合冠饰插戴四枚金钗，可为一个旁证；然而贺若氏墓金钗光素，并无钿头装饰。
负安志．陕西长安县南里王村与咸阳飞机场出土大量隋唐珍贵文物[J]．考古与文物，1993，(6)．

吴王妃杨氏墓出土的四件金钗式样完全相同。

唐朝贵妇人用这类钿头钗子配合礼冠，插戴于冠侧[①]。依照当时的礼制，皇后、太子妃宴见宾客，内命妇寻常参见，外命妇朝参、辞见及礼会，都需要服“钿钗礼衣”。

同时，这类钿头钗子出现了极为华丽繁复的式样，装饰意义多过礼制意义，可以为女子日常妆束所用。如懿德太子墓石椁上线刻女子，髻畔随意插一钿头长钗。实物如湖北孝感市博物馆馆藏一支钿头金钗，饰钿花的钗头延伸很长，下端钗脚却已缩得很短；钗梁间用细金丝扭结盘曲成多层图案，底端再缀以一朵金花钿。

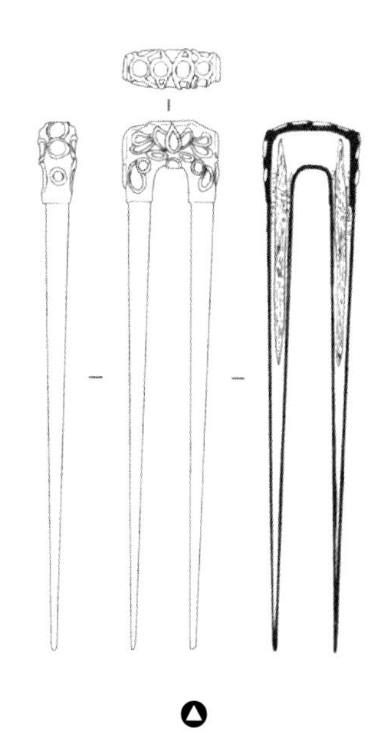

萧皇后墓出土钿头钗

陕西省文物保护研究院，扬州市文物考古研究所．花树摇曳·钿钗生辉：隋炀帝萧后冠实验室考古报告[M]．北京：文物出版社，2018．

懿德太子墓石椁线刻仕女像局部

樊英峰，王双怀．线条艺术的遗产：唐乾陵陪葬墓石椁线刻画[M]．北京：文物出版社，2013．

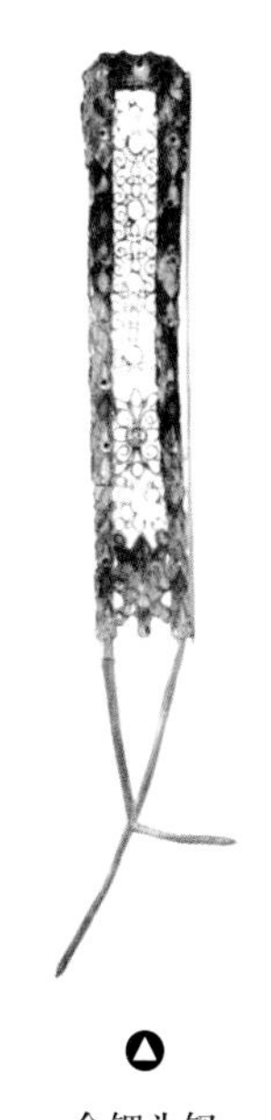

金钿头钗

湖北孝感市博物馆藏

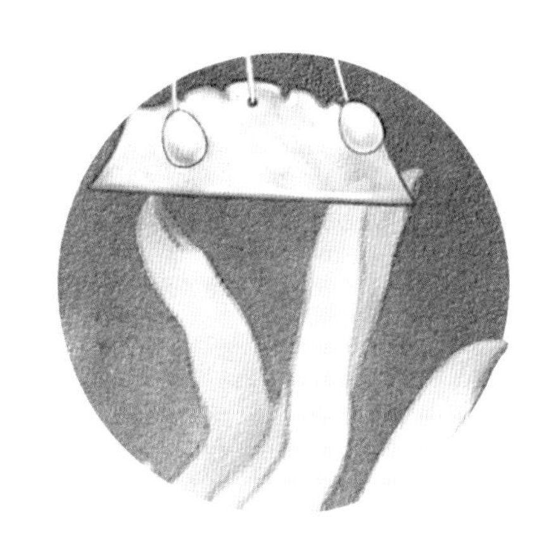

大唐宣德郎兼直弘文馆侯莫陈夫人李氏。
夫人讳，字淑娴。德茂琼源，蕙心兰绪，
柔顺禀于天心，礼约非于师训。

盛唐开元　宗女淑娴

李倕

2001年，陕西省考古研究院在西安南郊发掘出一座唐代小型墓葬。由墓志可知，墓主人是一位李唐宗室女，名倕，字淑娴，下葬于唐开元二十四年（736年）[①]。这座墓葬规格不高，与同时期品官夫人或贵族女子的墓葬相比，甚至显得颇为寒酸。然而棺中随葬的各类首饰与妆奁用具却异常精美罕见。她腰系用珍珠、花钿串联而成的璎珞，头饰镶嵌有珍珠、蚌壳、绿松石、玛瑙、水晶、红宝石等珠宝的金花冠饰，比起考古发现的同时期贵族女性的首饰，可谓远过之而无不及。形成如此奇特对比的原因，想从墓志文字对李倕一生的简略记载中找出答案，实有些困难。故这里将志文中她的事迹排比先后，再大略揣摩其情状，稍加以渲染，以便讲述时既不失其实，也不至于乏味。

李倕之父为嗣舒王李津。所谓嗣王，本来专

① 中国陕西省考古研究院，德国美因茨罗马—日耳曼中央博物馆．唐李倕墓：考古发掘、保护修复研究报告[M]．北京：科学出版社，2018．

指亲王之子承嫡继承王位者，但李津继承王位的经历比较特殊。李津的祖父李元名，为唐高祖李渊第十八子，封为舒王；父亲李亶封为豫章郡王。两人均死于武则天当政时对李姓宗室的屠杀中。直到唐中宗复位，李元名的爵位才得以恢复，但此时李元名诸子已死，只得以尚在人世的最年长嫡孙李津继承祖父封号，为嗣舒王。唐先天二年（713年），李津第二女降生，得名倕。李倕与唐玄宗李隆基同宗平辈。依照唐制，亲王之女得封县主。

作为宗室贵女，李倕自幼被家人期以淑女应有的“柔顺”“礼约”，得字“淑婀”。可李倕及笄后，并没有选择门当户对的婚姻。可能是见惯权贵之家妻妾成群的景象，更期待两相厮守式的爱情，所以她违背家族意愿，义无反顾地嫁给了门第身份平平的情郎侯莫陈氏。李倕为自己的爱情付出了颇为艰难的努力，甚至为此舍弃县主的封号和贵族的身份。她出嫁时也许没有一个县主应有的花钗礼衣，然而侯莫陈家为她精心准备的首饰衣装同样华丽隆重。

侯莫陈家不算高门，却也殷实。其宅院位于长安城中繁华之地胜业坊。夫君在弘文馆担任小官，职掌整理书籍和教授生徒，夫妇二人度过了数年平安幸福的岁月。开元二十四年（736年），李倕刚刚“有子在于襁褓”，却突然染病，药石无效，于正月初七去世，年仅二十五岁。限于侯莫陈家的身份等级，家人们无法逾越制度使用高级陪葬品、为她举行盛大的葬礼。夫君怀抱幼子，临棺痛哭。面对墓室中寒酸的葬具，他自觉永以为负，只能将各种精美的首饰妆奁盛放在妻子棺中，使她仍是当年初嫁他时那般衣饰鲜明的模样……

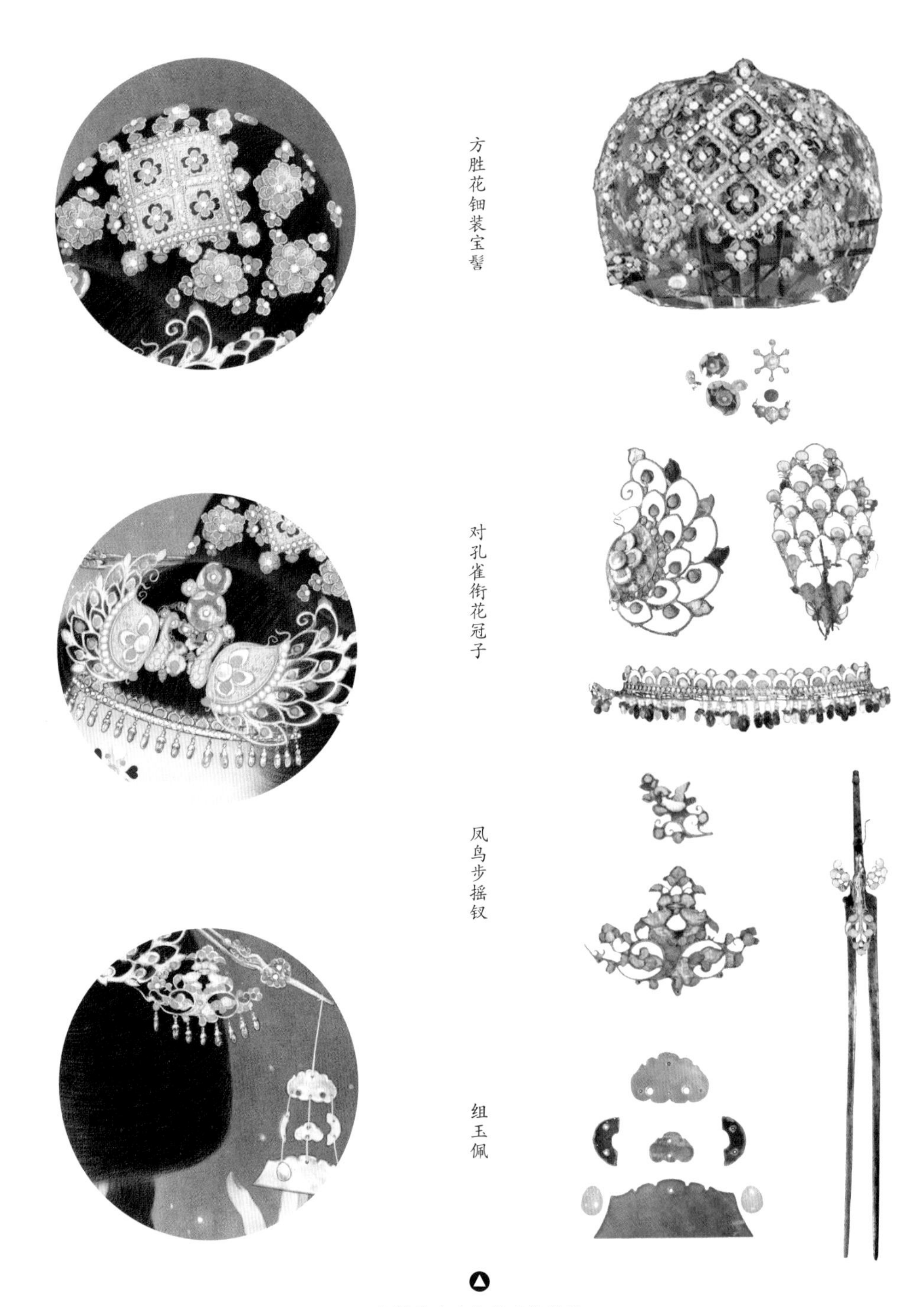

李倕墓出土各类头饰构件

中国陕西省考古研究院，德国美因茨罗马—日耳曼中央博物馆．唐李倕墓：考古发掘、保护修复研究报告[M]．北京：科学出版社，2018．

千余年后，人们无不惊艳于李倕墓出土首饰的精致华美，李倕也被错冠以“大唐公主”的名号，出现在各类媒体新闻之中。却少有人发觉，这位盛唐女子曾经因着身份而带来恋爱上的苦闷，于是在面对这座反差极大的墓葬时，不能理解她为何身为宗女却无封号，更无法知晓她惊人行为之动机所在。

形象复原依据

李倕墓保存完好，各类首饰的相对位置也较明确，保留了大部分原始的佩戴方式信息。在墓葬发掘时，考古工作者及时注意到饰物痕迹，将淤土整体提取，运至实验室，由德国专家针对首饰进行修复。目前这些首饰已经由中德联手修复成功。由于墓葬早期渗水，原先戴在李倕头上的饰物可能产生了一定程度的移位；修复过后的整体形象也存在一些可供商榷的地方。因此这里参考唐代的文献与形象，试着对李倕原本的头饰插戴进行推测。

方胜花钿装宝髻、对孔雀衔花冠子、凤鸟步摇宝钗

位置保持较好的是顶端呈圆球状分布的首饰，前部正中为一方胜形金筐宝钿，周围交错装饰大小花钿。这些饰物原本应缀在织物上，可以直接戴在头顶，是一件装饰华丽的“宝髻”。

李倕墓出土头饰组合示意图

本书作者据考古报告改绘

宝髻背后用“H”形鎏金铜钗固定。另有两件鎏金镶翠的凤首铜钗，式样一致，应是对插于发髻两边。凤钗两侧各垂下㶉鶒栖花枝形态的坠饰与小型组玉佩。

宝髻前方的构件，主体是一双以金丝编结、相对而立的孔雀翅羽与尾羽；中央为一金丝缠绕的宝石花环；最下方为一莲台形、坠各色宝石珠装饰小花的长条基座。由于以有机质制作的孔雀身体已朽坏不存，绘图时参照何家村窖藏中一件银奁上双孔雀衔花枝线刻与洛阳颍川陈氏墓出土银平脱漆盒上孔雀衔缠枝花草的形象进行补全，推测原本可能是双孔雀对立衔花环的布局。衔花双孔雀与莲台基座组成了一顶花冠。

陕西何家村窖藏银奁线刻纹饰

陕西历史博物馆，等．花舞大唐春·何家村遗宝精粹[M]．北京：文物出版社，2003．

洛阳颍川陈氏墓银平脱漆盒纹饰

洛阳市文物工作队．洛阳北郊唐颍川陈氏墓发掘简报[J]．文物，1999，(2)．

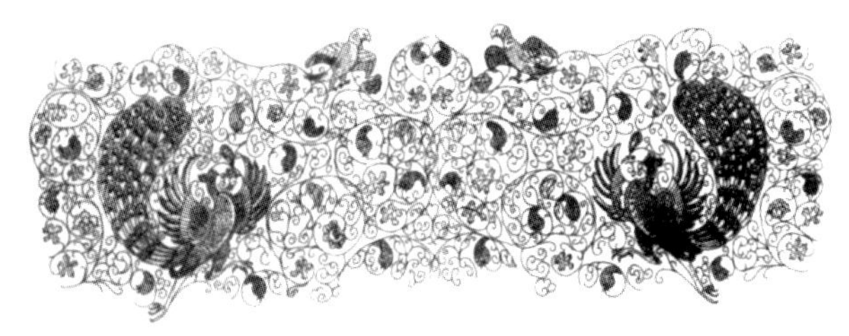

回顾唐人诗作，如李商隐《烧香曲》中形容香炉纹饰是“钿云蟠蟠牙比鱼，孔雀翅尾蛟龙须”，实际借的是女子头饰的意象，花钿上镶嵌着象牙与鱼骨饰片，以蛟龙须一般的金丝编出孔雀的翅与尾；温庭筠《归国谣》中则写道，“翠凤宝钗垂簏簌（lù sù），钿筐交胜金粟”，翠凤宝钗垂下挂饰，方胜形的钿筐以金粟填饰；这些描述与李倕头饰恰是一番贴切的对照。

首饰小识：宝髻偏宜宫样

宝髻偏宜宫样，莲脸嫩，体红香。眉黛不须张敞画，天教入鬓长。

莫倚倾国貌，嫁取个，有情郎。彼此当年少，莫负好时光。

——（唐）李隆基《好时光》

唐玄宗李隆基曾制《好时光》一曲，唱词中“彼此当年少，莫负好时光”一句，正可为李倕的人生做一番概括。而李倕头上的首饰，也恰是为词中勾勒的美人轮廓具体地设色敷彩。

在发髻上妆点各式金银珠玉，便是“宝髻”[①]。它可以是以真发梳出发髻再加以装饰，也可以是事先装饰妥帖、可直接以簪钗戴于头上的假发髻。如章孝标《贻美人》有“宝髻巧梳金翡翠”。又敦煌莫高窟藏经洞中所出唐人写本《云谣集杂曲子·抛球乐》中有“宝髻钗横坠鬓斜，殊容绝胜上阳家”。

宝髻上的饰物，以各式金筐嵌宝的花钿、雀鸟为主。除了保存完好的李倕头饰，河南宝丰一座开元年间唐墓中的头饰亦是构件完整精好且相对位置尚存。一只长尾展翅的嵌宝金凤与一枚鎏金短铜钗立于宝髻中央，装饰金丝编缀的小金花；宝髻两侧对插一双掐丝嵌宝的钿头金钗。

① 一个旁证是日本8世纪初颁行的《大宝令》及稍后的《养老令》，其中将“宝髻”作为内亲王、女王、女官、内命妇礼服的构成之一，《令义解》注：“谓以金玉饰髻绪，故云宝髻也。”

寶髻釵橫墜鬢斜殊容絕勝上陽家蛾眉不掃天
生淥蟬臉能勻似朝霞無端略入後園看羞殺亭中
數樹花 魚歌子 睹顏多思夢悮花枝覓恨無門路

唐人写本《云谣集杂曲子》局部

敦煌莫高窟藏经洞出土／英国大英图书馆藏

河南宝丰小店唐墓出土头饰

郑州大学历史学院，等．河南宝丰小店唐墓发掘简报[J]．文物，2020，(2)．

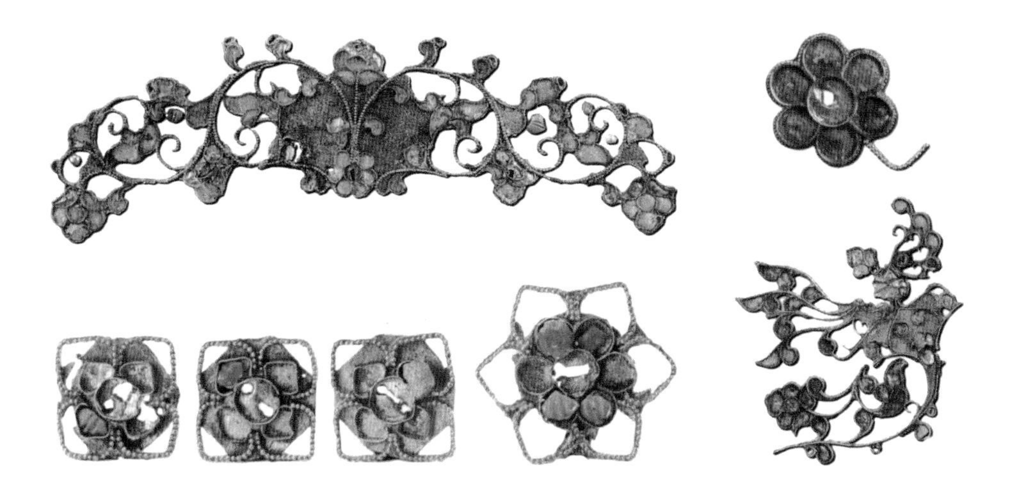

▲

金乡县主墓出土头饰

西安市文物保护考古所．唐金乡县主墓[M]．北京：文物出版社，2002：图版121-124．

开元十二年（724年）的金乡县主墓、开元十七年（729年）的沙河县尉刘府君夫人苏氏墓[①]中也出土了一些零散的花钿残件。花钿上往往镶嵌有珊瑚、琥珀、玛瑙、琉璃、珍珠、瑟瑟等各种宝石以及鱼骨、象牙、贝壳磨制的饰片。其中尤以产自波斯及凉州的碧色宝石“瑟瑟”最为著名。敦煌莫高窟藏经洞出土的唐人写本《敦煌廿咏》中专有一首《瑟瑟咏》，明确提到了瑟瑟作为首饰的使用方式：

瑟瑟焦山下，悠悠采几年。
为珠悬宝髻，作璞间金钿。
色入青霄里，光浮黑碛边。
世人偏重此，谁念楚材贤。

❀ 首饰小识：步摇

李倕头上宝髻的两边，还有成对小鸟站立花枝的小型饰片，饰片下挂有可以摇动的小珠饰；

① 王长启，高曼，唐龙．唐苏三夫人墓出土文物[J]．文博，2001，(3)．

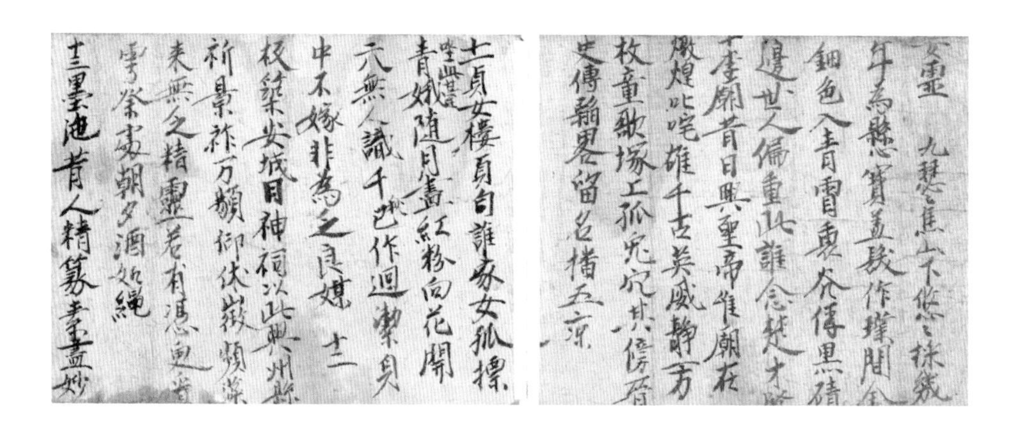

依照文物修复者的观点，它们原本可能贴于鬓发之上，也可能是当时流行的首饰“步摇”的组件——步摇从翠凤钗头垂下，随着女子步步徐行而在发髻侧畔摇曳，如宋代的高承在《事物纪原》中记载，“开元中，妇见舅姑，戴步摇、插翠钗”。类似形象见于敦煌莫高窟一三〇窟盛唐时期壁画《都督夫人太原王氏一心供养》群像中的“女十三娘供养像”①。

唐人写本《敦煌廿咏·瑟瑟咏》

敦煌莫高窟藏经洞出土／法国国家图书馆藏

都督夫人太原王氏女十三娘头饰

段文杰摹本

① 原壁画已残损较多，各家摹本也多有细节差异。这里选用的是段文杰先生的摹绘版本。

“步摇”一名，过去是指饰有各式金花摇叶的簪钗头饰，如前一节吴王妃杨氏所用的金丝花簪；但在盛唐以来，步摇的含义已进一步通俗化，悬挂各类饰物的簪钗均可称为“步摇”。如张仲素《宫中乐》中有“珠钗挂步摇”；唐人姚汝能记录唐玄宗天宝初年时尚也是“妇人则簪步摇”[①]。此外，李倕墓又有一对雕琢小巧的组玉佩，应也是步摇上的挂件，这大约是延续了武则天时代女子盛装头饰的制度。

① 《安禄山事迹》。

▼

“都督夫人太原王氏一心供养”壁画

敦煌莫高窟一三〇窟，段文杰摹本

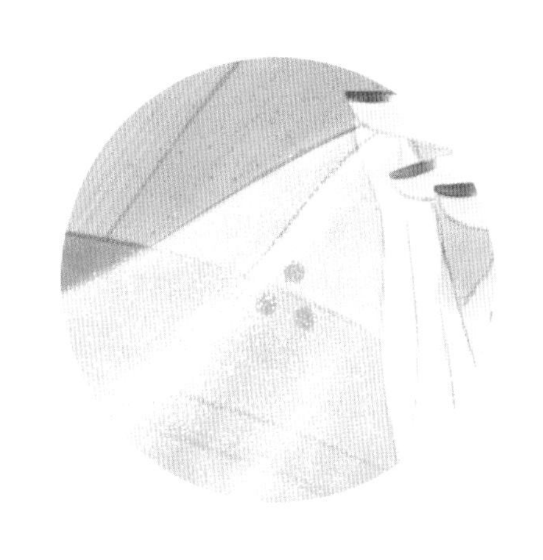

唐正议大夫行内侍上柱国雷府君夫人乐寿郡君宋氏。夫人号功德山居长。幼而温慧，长则明敏。君子永往，哀哀未亡。惟清惟净，斋心法堂。

长安城里的太平人

宋氏

1955年，陕西省文物考古工作者在西安市东郊韩森寨附近发现一座唐墓。据墓志可知，墓主是8世纪中叶长安城中的一位高官之妻、乐寿郡君宋氏。在丈夫去世后，这位夫人皈依佛法，号“功德山居长”。天宝四载（745年），宋氏在离世之际，嘱咐陪伴在侧的子女为她建塔追福[①]。如此看来，宋氏身处盛世，享有荣华，子女双全，一生似可谓安稳幸福。但剔去墓志文字中虚美掩饰的辞藻，却能发现事实有所参差。

宋氏祖辈世代为京兆平民，并无官位门第。然而宋氏性格温惠明敏，年满十五后偶然被当时有权有势的宦官雷府君看中。雷府君要聘她为妻，为了使婚姻显得门当户对，她以高门大姓义女的身份出嫁。雷府君虽是宦官，但势力颇大，身为内省之长，其妻亦能获得命妇封号，与前朝的官员贵戚并

① 张正岭.西安韩森寨唐墓清理记[J].考古通讯，1957，（5）.

无区别。婚后的宋氏有了乐寿郡君的封号，与丈夫“协心以理于家国，并命而登乎富贵”，膝下有过继来的义子义女趋奉，表面上可谓荣耀富贵。

宦官娶妻在当时并非孤例。如唐玄宗朝权宦高力士亦娶妻吕氏，吕氏之父吕玄晤因此从一介小吏升至少卿之位，“子弟仕皆王傅”。吕氏之母去世时，其葬礼也因高力士的缘故，“中外赠赙送葬，自第至墓”，车马相望不绝。然而，对于那些正当青春的少女而言，要陪伴一个宦官度过余生，绝非理想境遇，因此有的宁愿剃发出家，有的力拒不成便以死抗争。宋氏无可奈何地接受了命运，唯有存志于佛以求解脱。在雷府君去世后，她更加潜心修佛，将今生未尽的希望寄托来世。临终之际，她以“吾业清净”“建塔旧茔”的借口留下遗嘱，让人勿将她与宦官丈夫合葬。

宋氏夫人下葬时发间插的金雀宝花钿钗、颈上挂的金球水晶项饰，都是盛唐天宝年间富丽时兴的式样。如今名物研究者们讨论这一时期的首饰时，也多以其为典型。然而很少有人注意到，这盛饰丽服的盛唐贵妇人宋氏，曾经是多么孤独地踅进了历史的缝隙。

形象复原依据

因宋氏墓发掘较早，首饰的插戴位置不明，这里只能参考天宝年间流行的妆束式样进行推测还原。头饰插戴方式参考了武惠妃墓石椁线刻上的贵妇人形象：青丝下垂至肩，再松松上绾，于头顶前方结一小髻，上饰花钿。墓中还出土了各式金箔小花，这里采

宋氏墓出土首饰：嵌宝金雀钿、金珠水晶项链

五省出土重要文物展览委员会．五省出土重要文物展览图录[M]．北京：文物出版社，1958：图版一〇二．

用其一设计了额间花钿。

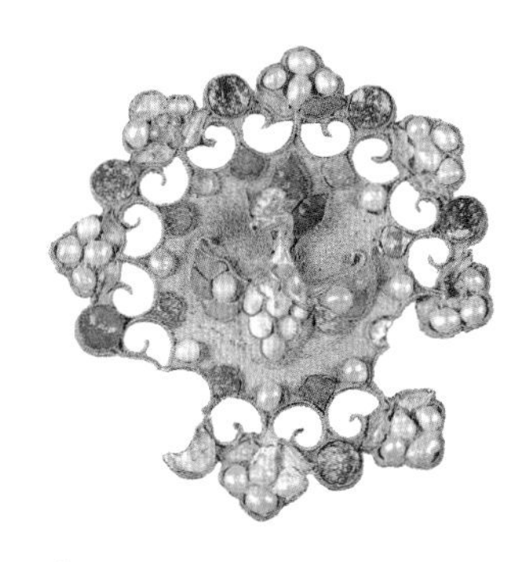

梦蝶轩藏金花钿

史超然，黄燕芳．金翠流芳：梦蝶轩藏中国古代饰物[M]．香港：香港大学博物馆学会，2002．

❀ 首饰小识：花钿金钗

在白居易《长恨歌》中，描写杨贵妃死于马嵬坡时写道：

六军不发无奈何，宛转蛾眉马前死。
花钿委地无人收，翠翘金雀玉搔头。

诗中的首饰原有实物作为依托。花钿与钗结合是盛唐时期最具特色的首饰之一，具体结构如河南偃师杏园唐开元十七年（729年）袁氏夫人墓出土的一支银钗，钗头缀一朵金钿花，花后装有可供安装钗脚的机括。

而宋氏的花钿正类同诗中所谓“翠翘金雀”，以细细金粒环绕出的宝相花底座中嵌入红、翠二色宝石；花心又以金丝累编起一只展翅站立的金雀或金凤。盛唐以后的诗人时常把这种金凤钿金钗作为追忆开元天宝盛世的遗意吟咏。中唐时王建所作《旧宫人》一诗道得最为分明：

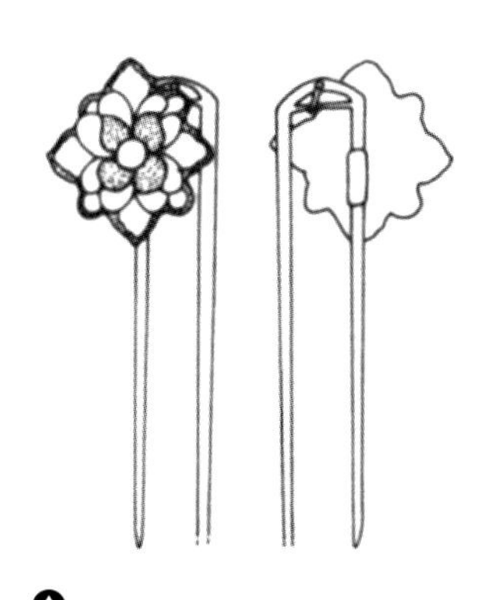

河南偃师杏园唐开元十七年袁氏夫人墓出土花钿银钗

中国社会科学院考古研究所．偃师杏园唐墓[M]．北京：科学出版社，2001．

先帝旧宫宫女在，乱丝犹挂凤凰钗。
霓裳法曲浑抛却，独自花间扫玉阶。

又有一首《开池得古钗》，美人拾得的凤钗仍是盛唐时钿花、金钗结合的式样：

美人开池北堂下，拾得宝钗金未化。

凤凰半在双股齐，钿花落处生黄泥。
当时堕地觅不得，暗想窗中还夜啼。
可知将来对夫婿，镜前学梳古时髻。
莫言至死亦不遗，还似前人初得时。

❀ 首饰小识：水精珠缨

唐人常称项链为“项瓔”或“珠缨”，即以丝线将各式珠子贯穿而成的瓔珞。当时常被用作串珠的，一类是珍珠（真珠）。敦煌藏经洞所出唐人《云谣集杂曲子·天仙子》将女子的泪珠形容成珍珠：“负妾一双偷泪眼。泪珠若得似真珠，拈不散。知何限。串向红丝应百万。”另一类是水晶（水精）。仍是出自敦煌写本的一首白居易佚诗《禅月大师悬水精念珠诗》[①]中写道：

磨琢春冰一样成，更将红线贯珠缨。
似垂秋露连连滴，不湿禅衣点点清。
弃抛乍看帘外雨，散罗如睹雾中星。
要知奉福明王处，常念观音水月名。

因珍珠材质易朽，如今还没有见到珍珠项链的实物。而笃信佛法的宋氏夫人，项上则戴有一串以水晶珠串成的项链，其中又串有一粒小巧的金球。在一座埋葬于安史之乱前夕、天宝十四载（755年）的墓葬中[②]，出土了一串保存更加完整的项链，由九十二颗水晶珠、三颗蓝色石珠、四枚金花托、两颗紫水晶坠和两颗绿松石坠串成。墓主云安郡君夫人米氏也是宦官之妻，与宋氏有着相似的人生故事。

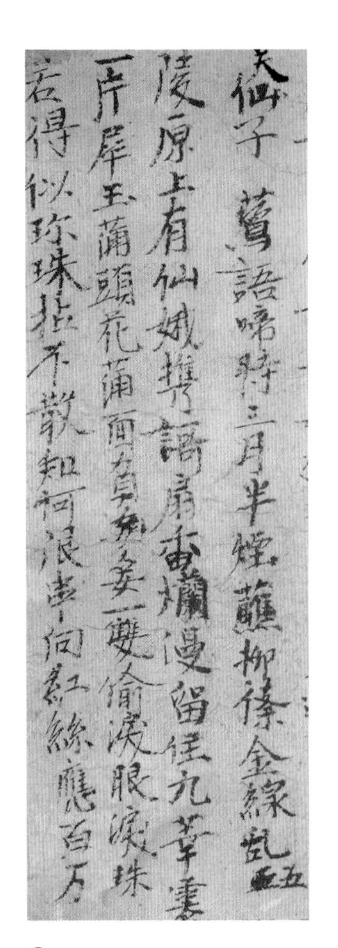
天仙子 燕語啼時三月半煙蘸柳條金線亂五
陵原上有仙娥攜歌扇香爛漫留住九華雲
一片犀玉滿頭花滿面負妾一雙偷淚眼淚珠
若得似珎珠拈不散知何限串向紅絲應百万

唐人写本《云谣集杂曲子·天仙子》

敦煌莫高窟藏经洞出土／英国大英图书馆藏

① 原诗抄录潦草，未记作者姓名。据时代稍晚的高丽朝释子山所作《夹注名贤十抄诗》可知，本诗为白居易所作。高丽本诗句文字略有差异，此处以敦煌写本为准。

② 西安市文物保护考古研究院.唐代辅君夫人米氏墓清理简报[J].文博，2015（4）.

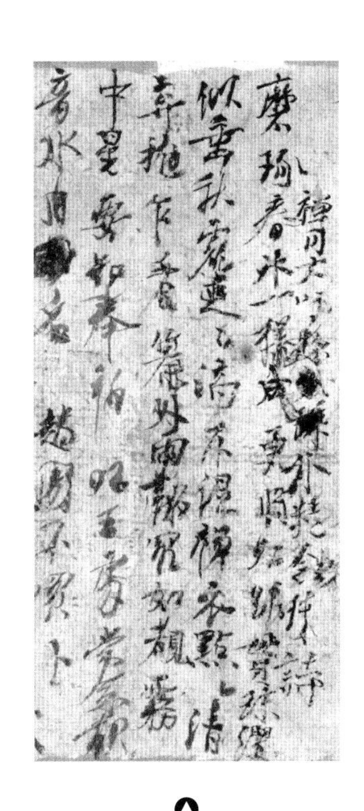

唐人写本《禅月大师悬水精念珠诗》

敦煌莫高窟藏经洞出土／法国国家图书馆藏

嵌宝花坠水晶项链

陕西西安唐米氏墓出土

西安市文物保护考古研究院．唐代辅君夫人米氏墓清理简报[J]．文博，2015（4）．

洛阳城东桃李花，飞来飞去落谁家。
洛阳女儿惜颜色，坐见落花长叹息。
今年花落颜色改，明年花开复谁在。
已见松柏摧为薪，更闻桑田变成海。
古人无复洛城东，今人还对落花风。
年年岁岁花相似，岁岁年年人不同。

中唐 大唐东都时尚

洛阳女子

2005年，洛阳考古工作队发掘了一座晚唐时期的墓葬，墓中出土了一组完整的头饰[①]。其中有鎏金银质的小鸟、小山形饰物；又有成对的几组鎏金银簪，簪头只在中心花朵、飞鸟、蜂蝶和边缘轮廓等处鎏金，金银相间，颇为细致。由于没有出土墓志，只能根据同时期出土的零散首饰实物大致推断，这组首饰的具体年代是9世纪中叶唐文宗时期。在大唐东都洛阳，城中仕女的首饰也随着长安时尚亦步亦趋。

① 洛阳市文物工作队．洛阳龙康小区唐墓发掘简报[J]．文物，2007，（4）．

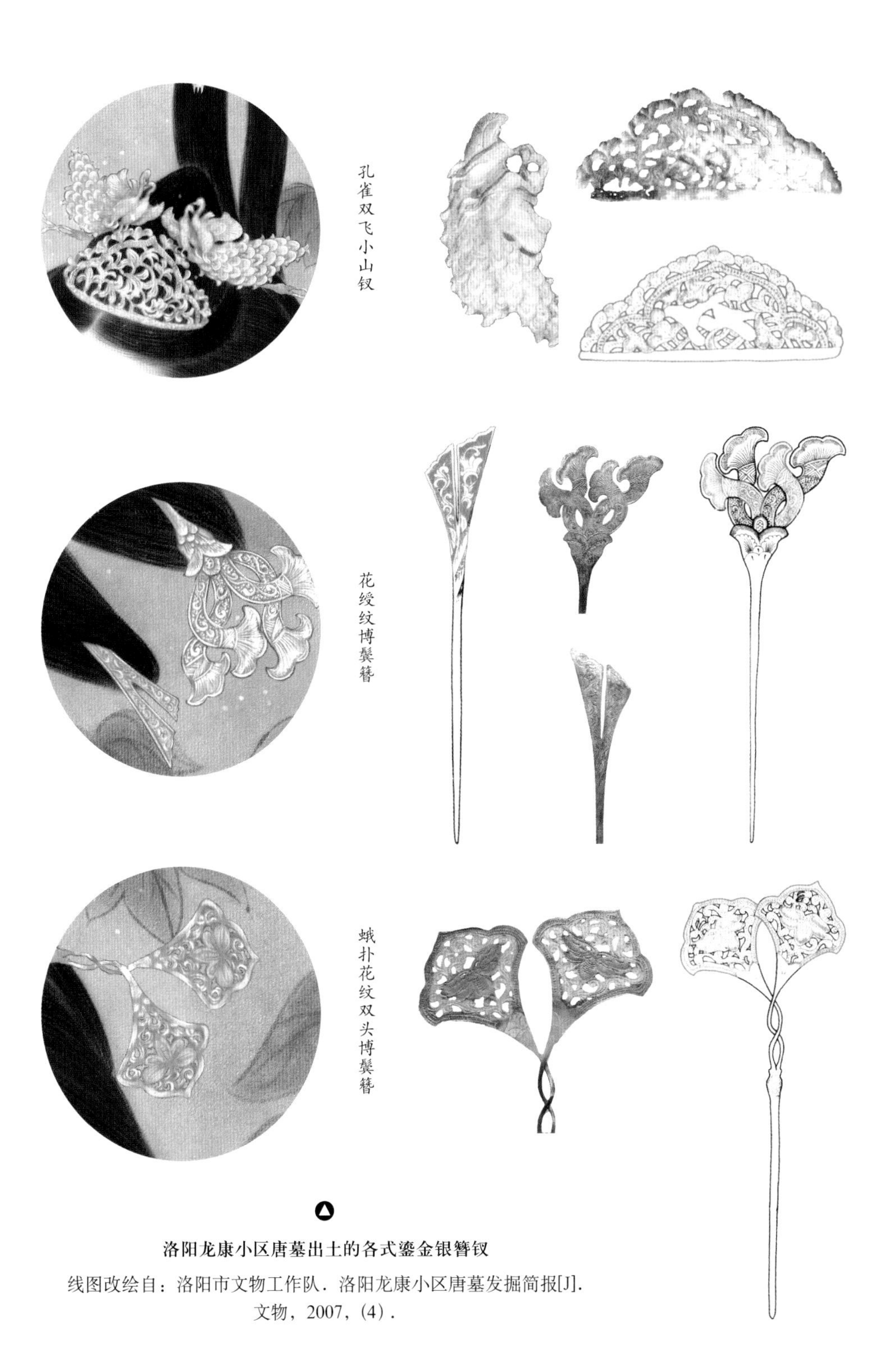

洛阳龙康小区唐墓出土的各式鎏金银簪钗

线图改绘自：洛阳市文物工作队．洛阳龙康小区唐墓发掘简报[J]．文物，2007，(4)．

形象复原依据

由于出土信息阙如，只能参照当时的壁画与诗作，试着勾勒出当时女子首饰的具体形象。这组首饰出土时虽缺失了完整的组合信息，但保存完整，为插戴方式的复原推测提供了可能。长簪共有三对，应是呈对称状插于发间。其中一对簪首为两片交缠的花叶，鎏金缘边，叶中錾刻一只展翅飞蛾；类似的首饰恰好可见于前文所引西安韩家湾唐墓壁画中。据此可知，这类式样的簪与当时女子流行的发式密切相关——头顶先梳掠起一束形如小山的“椎髻”，其后托起高大的鬓髻；鬓髻可用一支交缠花叶的大簪直竖起真发，即所谓的“挑鬟”。段成式有《柔卿解籍戏呈飞卿》，以诗笔为温庭筠爱姬柔卿的形容写生，她的发式便是“出意挑鬟一尺长，金为钿鸟簇钗梁”。鬓发的梳理也与头饰密切相关。段成式《戏高侍御》一诗中称“七尺发犹三角梳”“两重危鬓尽钗长”，两鬓青丝被美人别出心裁地分作两重梳起，形如三角，是诗人为高侍御爱姬阿真所梳发式所绘的一帧写实小影。这种“两重危鬓”自也需要簪钗支撑，于是同墓出土的另两对长簪便觅得了归处：一对簪首较大，于花萼中开出四条相互缠绕的绶带，顶端又分别生出花瓣，可插在前鬓；一对簪首较小，端头分叉，两面均以鱼子纹为地，一面饰卷草纹，一面饰花叶纹，可挂在后鬓。此外，墓中还出土有一双梅花头钗，钗脚分作三股，作用自是为了使插戴更为稳固，可用以压髻。

❀首饰小识：博鬓簪

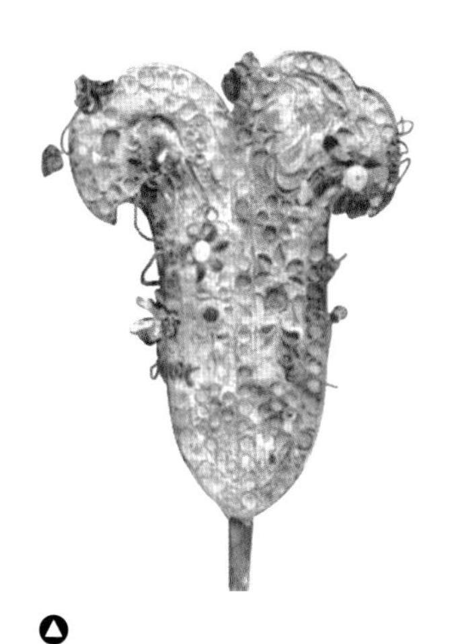

博鬓簪

陕西历史博物馆藏

从考古发现来看，扇形花叶形大簪的流行期，是在9世纪上半期。因为缺乏文献记载，我们难以知晓它在唐朝的确切名称。因其形态最初或可算作命妇礼仪头饰中一双博鬓的通俗式变体，这里暂将这类簪式称作“博鬓簪”。如陕西历史博物馆所藏的一支，形态是将两枚博鬓并在一起，其上装饰摇动的小花；其插戴方式一开始也与博鬓类似，一式两支，成对插于高耸的发髻两侧，恰如当时诗人李贺在《十二月乐辞·二月》中形容的“金翅峨髻愁暮云”。

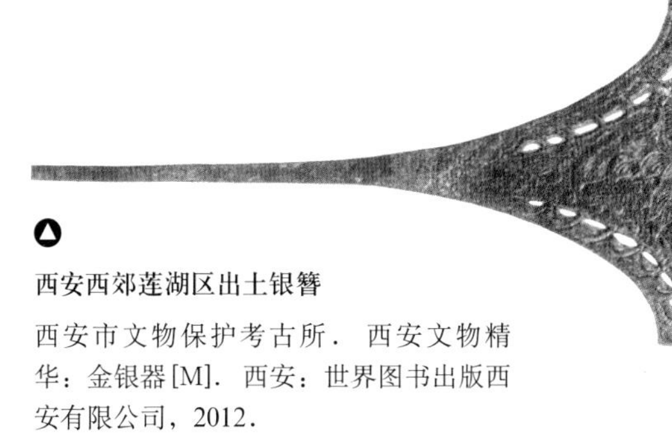

西安西郊莲湖区出土银簪

西安市文物保护考古所．西安文物精华：金银器[M]．西安：世界图书出版西安有限公司，2012．

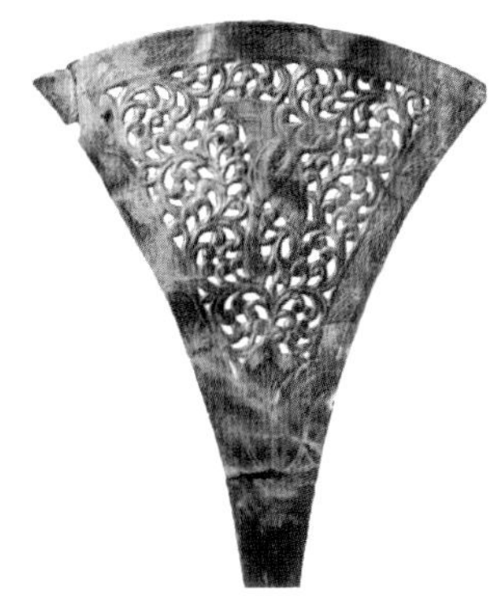

鎏金银簪

南京博物院．金色中国：中国古代金器大展[M]．南京：译林出版社，2013．

西安紫薇田园唐墓出土鎏金银簪

刘呆运，李明．唐朝美女的化妆术［J］．文明，2004，(4)．

少了礼制的制约，这类篦的式样开始丰富起来。如西安市西郊莲湖区出土的一支[①]，篦首线条更为流畅，形如一片舒展的花叶，中心纹饰是卷草纹上展翼飞起一只凤鸟。篦式进一步发展，将篦首叶片或花扇一增为二，做成两片交缠之状。如前述洛阳龙康小区唐墓出土的一双、西安紫薇田园唐墓出土的一双。

篦的插戴方式，除了传统式成对插于发髻两端之外，又可以单独一支直竖头顶，作“挑鬟”之用。这种篦式大约也同当时流行的夸张发式、宽博衣袖裙裾一般，随着朝廷接连发布的禁奢令而有所收敛。于是接下来的式样，篦头收窄了许多，如河南陕县大中六年“有唐昌黎韩氏女小字干儿”墓中出土的鎏金铜篦[②]，纹饰为连珠纹上錾（zàn）刻龙纹、花卉纹。陕西户县唐墓中出土的一双鎏金银钗式样接近，钗头纹饰雕镂得更加纤巧细致，外缘绕以一圈流云，其中镂刻卷草或波涛做地，一支饰小儿引锦鸡，一支饰小儿引祥云。再后来，扇头在篦首退居末位。西安出土的一对摩羯纹银篦头，是晚唐仍留有一些博鬓篦遗意的式样。

① 王长启. 西安市出土唐代金银器及装饰艺术特点[J]. 文博, 1992, (3).

② 赵玉亮. 中国国家博物馆藏唐大中六年韩干儿墓出土器物[J]. 中国国家博物馆馆刊, 2021, (6). 同类篦钗又见西安市南郊惠家村唐大中二年（848年）墓出土的一对，可见：阎磊. 西安出土的唐代金银器[J]. 文物, 1959, (8).

摩羯纹银篦头

西安博物院 . 金辉玉德：西安博物院藏金银器玉器精萃 [M]. 北京：文物出版社，2013.

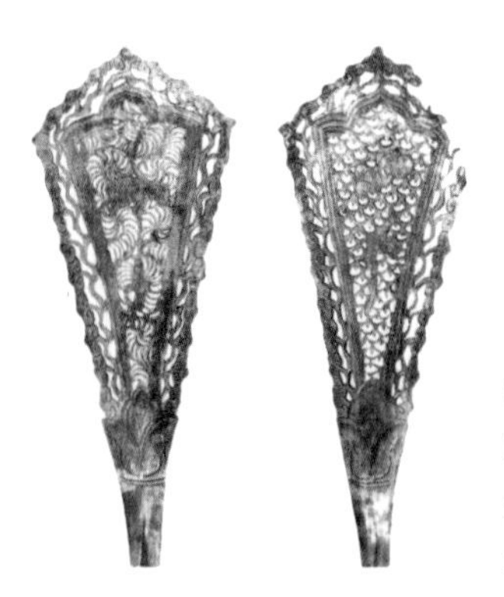

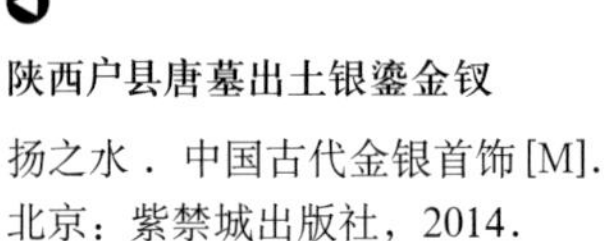

陕西户县唐墓出土银鎏金钗

扬之水 . 中国古代金银首饰 [M]. 北京：紫禁城出版社，2014.

① 英国大英图书馆藏敦煌写卷，正面为《韩朋赋》，背面即《杂集时用要字》。

❀ 首饰小识：小山重叠金明灭

小山重叠金明灭，鬓云欲度香腮雪。

懒起画蛾眉，弄妆梳洗迟。

照花前后镜，花面交相映。

新帖绣罗襦，双双金鹧鸪（zhè gū）。

——（唐）温庭筠《菩萨蛮》

温庭筠《菩萨蛮》第一句“小山重叠金明灭”，其中“小山”所指颇有争议，存在三种说法：一谓屏山，即床上所置绘有泥金山水的屏风；二谓山枕，即上高下低、形如山体、贴有金饰的枕；三谓眉额，即佳人绘如远山的眉形与额头贴饰的金黄花钿。但屏山、枕山二说是写居室陈设，属于“身外之物”，与以下全写女子妆束打扮的情景终有隔阂；山眉又与下句“懒起画蛾眉”相重。三种说法都有难解之处。

沈从文先生在《中国古代服饰研究》一书中提出，唐代女子喜爱在发髻上插戴几把小梳，露出半月形的梳背当作装饰，有多达十余把的，“小山重叠金明灭”，即为女子发间金质小梳重叠闪烁的情形而咏。结合唐时女子的妆束形象而言，这一说法是大致贴切的。如当时诗人陈陶《西川座上听金五云唱歌》一诗中形容女歌者金五云妆束，“低丛小鬟腻鬟髻，碧牙镂掌山参差”。

女子将梳插在发间，露出的梳背自然成为装饰的重点。唐人将这部分俗称为“掌”。敦煌石窟藏经洞所出唐人文书《杂集时用要字》罗列女子首饰时写有三种梳名——“钿掌、月掌、牙梳花”[①]，“钿掌”

就梳背嵌有宝钿装饰而言，“月掌”就梳背形如半月的式样而言，“牙梳花”就其牙骨材质而言。

贵族女子的墓中常有金钿掌牙梳出土，如隋唐之际的高门望族独孤罗之妻贺若氏墓中出土有一柄金筐宝钿双鹊戏荷金梳背（下端原另嵌象牙雕琢的梳齿）；甘肃武威市南营青嘴湾唐墓出土有一把骨梳，系整体雕琢而成，梳背上也用金银螺钿装饰出花枝、飞蝶与果实，其主人是盛唐开元年间嫁与吐谷浑王族慕容曦光为妻的太原郡夫人武氏。西安何家村盛唐金银器窖藏中的金梳背，弯月形的梳背上又以金丝金粟盘结出繁复的葡萄藤蔓花饰。

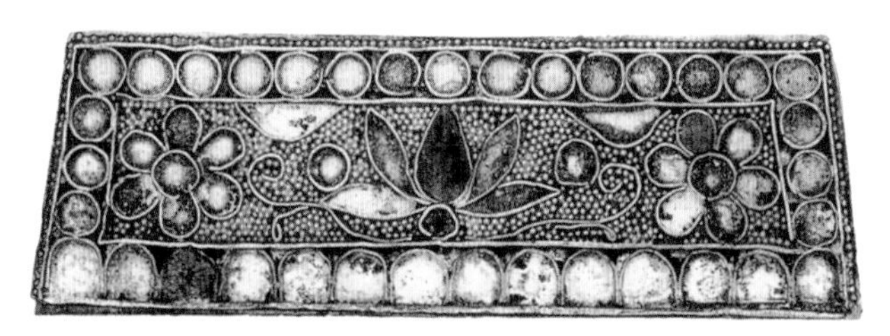

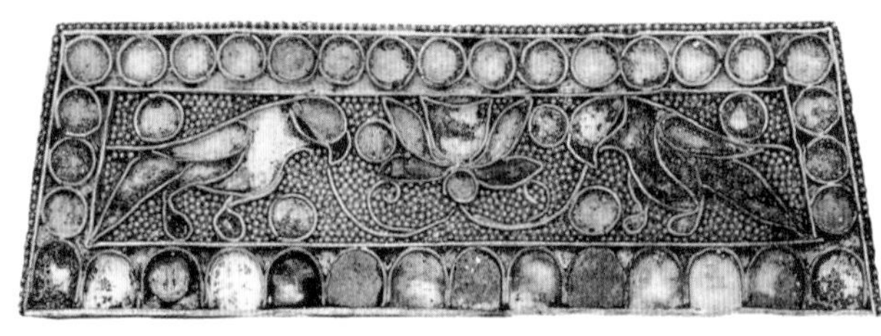

初唐贺若氏墓出土金梳背（正反面）

齐东方．中国美术全集：金银器玻璃器 1[M]. 合肥：黄山书社，2010.

太原郡夫人武氏墓出土嵌螺钿牙梳

甘肃省文物局．甘肃文物菁华[M]. 北京：文物出版社，2006.

西安何家村唐代窖藏出土金梳背

陕西历史博物馆，等．花舞大唐春——何家村遗宝精粹[M]．北京：文物出版社，2003.

盛唐天宝时期，贵妇人流行在头后斜插一把宽梳。如唐让皇帝李宪墓石椁线刻上的女官[1]，发后刻画有装饰珍珠的小梳。中唐以后，流行在发髻前方对插一对或数对小梳的时尚。如唐代绘画《挥扇仕女图》中画有一位发髻前对插梳的女子。这类梳有实物为佐证，如西安市雁塔区曲江乡三兆村唐墓与西安西郊曹家堡唐墓均出土有鸳鸯戏花纹金梳背，从梳背纹样上看，一把做正插，一把做倒插。

到了9世纪初，随着高耸椎髻发式的流行，女子又流行在椎髻上饰一排小梳。前述唐文宗太和三年（829年）河南安阳赵逸公墓壁画的女子，即做如此妆束。洛阳伊川鸦岭唐齐国太夫人墓出土有一

① 陕西省考古研究所．唐李宪墓发掘报告[M]．北京：科学出版社，2005.

盛唐插梳女性形象

唐玄宗天宝元年（742年）让皇帝李宪墓石椁线刻

本书作者提取自拓片

中唐插梳女性形象

唐人《挥扇仕女图》局部

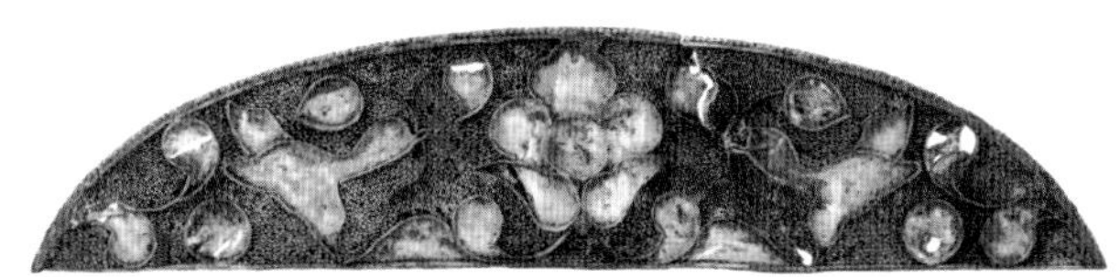

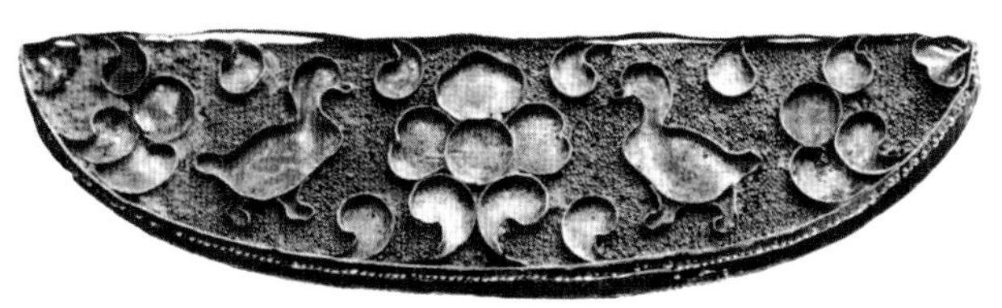

金梳背

（上）西安博物院．金辉玉德：西安博物院藏金银器玉器精萃[M]．北京：文物出版社，2013．／（下）张海云，廖彩梁，张铭惠．西安市西郊曹家堡唐墓清理简报[J]．考古与文物，1986，(2)．

组以白玉、水晶、琥珀雕刻而成的梳背，其上装饰细巧的纹饰，底部平直有榫，想必原应装有木质梳齿。该墓的时代是唐文宗长庆四年（824年），因此这组梳背正是配合时世妆束的插梳实物[①]。

除了插梳之外，还有一种形态恰如云头或小山形的饰件流行于晚唐时期。它们应也是从插梳发展而来，却进一步省略了梳齿，纯起装饰作用，工艺也比插梳更加轻薄，可以直接以簪钗挂在发髻正中。

① 洛阳市第二文物工作队．伊川鸦岭唐齐国太夫人墓[J]．文物，1995，（11）．

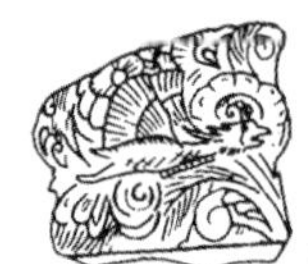

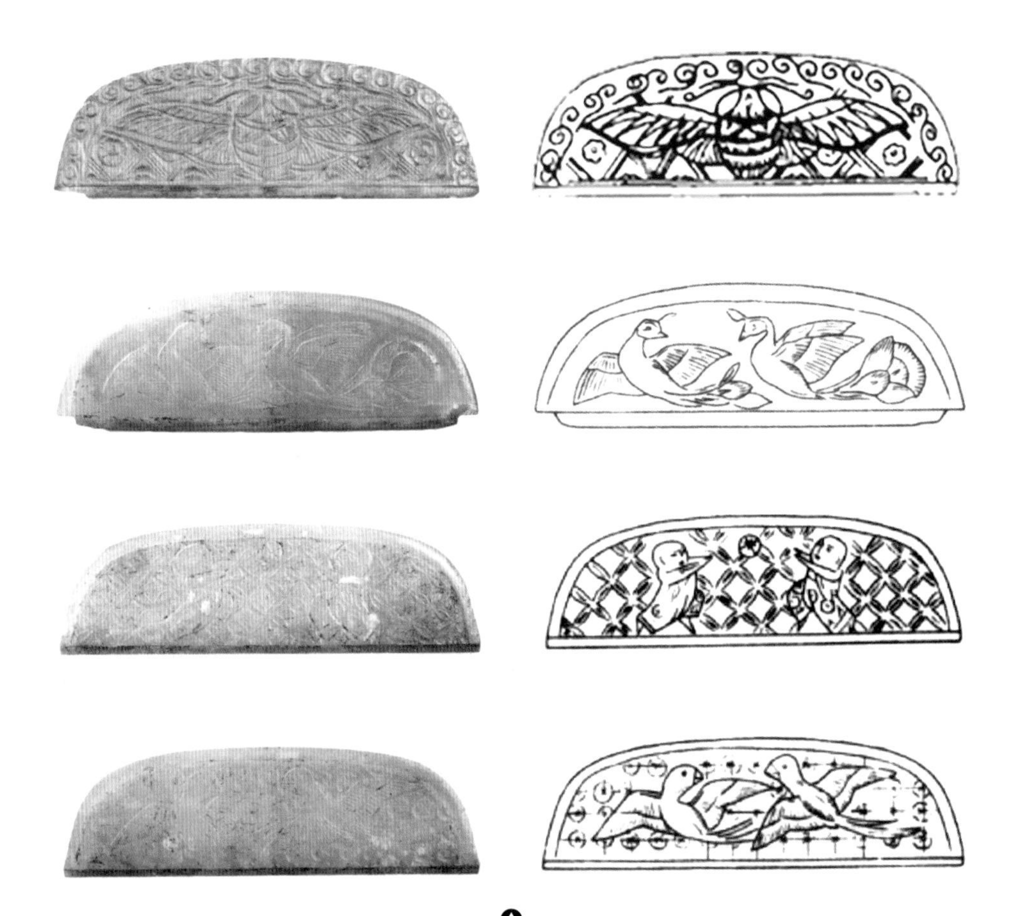

齐国太夫人墓出土各式梳背

邓本章．中原文化大典·文物典：玉器[M]．郑州：中州古籍出版社，2008．

本节复原绘图中的一组首饰，时代较前述插梳形象更晚，恰好也有小山形鎏金银饰片两枚，可供女子重叠戴于同样形如小山的“椎髻”前后——这正是《菩萨蛮》写作时代的流行式样。乌发与透雕镂空纹饰的金质小山相衬，也正合“金明灭”的情景。

河南偃师杏园唐墓出土的一片银饰，以极薄的银片镂刻而成，表面又经鎏金，形为正中升起一朵小花，两侧生出翻卷交缠的狭长叶片。广州皇帝岗晚唐墓出土的一片，形作铺展的叶片上盛开三朵百合。

洛阳龙康小区唐墓出土的小山形鎏金银饰

改绘自：洛阳市文物工作队．洛阳龙康小区唐墓发掘简报[J]. 文物，2007，(4)．

广州皇帝岗晚唐墓出土小山形饰

广州市文物管理委员会．广州皇帝岗唐木椁墓清理简报[J]. 考古，1959，(12)．

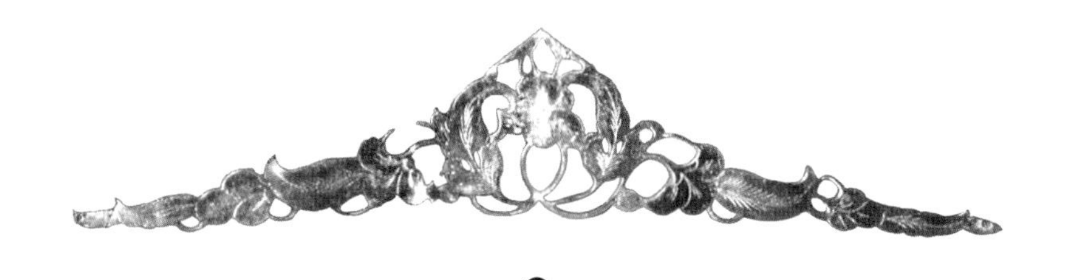

偃师杏园唐墓出土小山形饰

中国社会科学院考古研究所．偃师杏园唐墓[M]. 北京：科学出版社，2001.

倾国倾城不知价，一寸横波剪秋水。
妆成只对镜中春，年幼不知门外事。
琉璃阶上不闻行，翡翠帘间空见影。
昨日良媒新纳聘，旋拆云鬟拭眉绿。

晚唐 敦煌残梦

长安女子

2002年至2004年，陕西省考古研究所长安考古队在西安南郊发掘了一组晚唐墓葬，其中两座墓中出土了插戴次序保存完好的银鎏金花钗头饰组合[①]。经由考古工作者对墓葬信息进行的科学分析，推测墓葬的主人很可能都是长安城内年少而亡的贵家女子。然而疑点也产生于此处——她们虽拥有华丽的首饰，但墓中其余陪葬品却简单寒朴，甚至显得草率。埋葬她们的亲人没有书写墓志，因此她们的具体人生经历很难为人知晓。

然而，在几千里外的敦煌石窟中，却留有相关的线索。敦煌莫高窟第九窟晚唐壁画中，绘有一列行香奉佛的贵妇供养人像；她们头上插戴的首饰，与西安这两座墓葬中出土的实物几乎完全一致。由此对照，得以确定墓葬主人身处的时代。在敦煌石窟藏经洞发现的众多唐人写本中，更有一首频为唐人传抄却早已

① 上海博物馆．周秦汉唐文明研究论集[M]．上海：上海古籍出版社，2009．

被后人遗忘的长诗，记录了当时某位女性的故事：

中和癸卯春三月，洛阳城外花如雪。
东西南北路人绝，绿杨悄悄香尘灭。
路旁忽见如花人，独向绿杨阴下歇。
凤侧鸾欹鬓脚斜，红攒翠敛眉心折。
借问女郎何处来，含嚬欲语声先咽。
回头敛袂谢行人，丧乱漂沦何堪说……

中和三年（883年）春，诗人在洛阳城外遇着一位从长安城逃难而来的女子"秦妇"，听她讲起自身过去的遭遇——她原是长安城中的贵家女子，过着闲逸安乐的生活。然而广明元年（880年）的一日，黄巢率兵攻入长安，唐僖宗如其祖唐玄宗一样抛下长安城，出逃四川。城中百姓四散奔逃，富贵人家将舞伎歌姬全都抛弃，贫苦人家更是顾不上家中稚儿幼女。"秦妇"的四邻女伴们，有的抗暴被杀，有的投井自尽，有的被纵火烧死，有的即便侥幸逃生也遭掳掠。她为了偷生，只得强颜欢笑随军而去。经历了家破人亡的凄惶、流离转徙的悲苦，她与女伴们在心中暗暗期待着唐军收复长安。等到唐军兵马围城，城中百姓已饿死半数。过去满装珠宝锦绣的内库已一炬成灰，曾经仪表堂堂的公卿显贵们如今尸骨散落街头无人收拾。她趁乱逃出，可路上官军所过之处，仍是烧杀抢掠后的一派荒凉。她没有旁的办法，只有一路向着尚且平安的江南逃去……诗文到此戛然而止。

这是晚唐诗人韦庄所作的《秦妇吟》。他如实记录下这场浩劫中"秦妇"们的血泪，百姓深为触

晚唐女供养人像
敦煌莫高窟第九窟
史苇湘摹本

动，众口相传，争相将诗句刺在屏风上，绣在障子上，韦庄也得名“秦妇吟秀才”。等到黄巢起事失败，大唐虽然暂时恢复了，但人们心中那金碧辉煌的长安的记忆已成迢递旧梦，徒留残垣断壁、满目凄凉。与“秦妇”遭遇类似的女子依然没能迎来安稳的生活。中和四年（884年）七月，一众女子被唐军耀武扬威地当作俘虏押送至唐僖宗面前。她们均是出身长安世家大族，却被黄巢掳掠为姬妾者。唐僖宗责问她们：“你们都是朝廷勋贵子女，家族世受国恩，为何屈身从贼？”为首的女子凛然答道：“国家以百万之众，尚不能抵御狂贼凶逆，以致失守宗祧，播迁巴蜀；今陛下以不能拒贼之罪苛责一女子，置公卿将帅于何地？”僖宗无言以对，不再问话，下令将她们处死于市。人们同情她们，争相以酒送行，但为首的女子不饮不泣，临刑前神色肃然。

《秦妇吟》一诗刺到了朝廷的痛处，此后韦庄为避祸讳言此诗，竟使它最终失传。直到千年后敦煌石窟藏经洞被开启，大量唐人写本被发现，《秦妇吟》的全貌才得以再度为人所见。开篇提到的两位头饰华丽的长安女子，正身处于这样的时代，也极有可能是这场长安浩劫的受难者，“朝携宝货无人问，暮插金钗唯独行”。她们头上凤侧鸾欹的一脉幽情，终究暂别了彼时中原连绵的战火，带着一些大唐余晖中行香奉佛的安然，在敦煌石窟中缠绵不断，于壁画上留下一点永恒的追思。

形象复原依据

图中首饰参考了考古发掘中保存最为完整的一组（墓葬编号M412）进行推测复原。梳起的发髻先用一对素面花头银钗进行固定，再将一对鎏金雀鸟花结纹银花钗分插发髻左右两侧。对凤纹小山型饰片背后装有钗脚，戴在头顶正中。整体妆束参考了敦煌莫高窟第九窟壁画中所绘女供养人的形象。

晚唐女供养人像

敦煌莫高窟第九窟

中国敦煌壁画全集编辑委员会. 中国敦煌壁画全集・8・晚唐卷[M]. 天津：天津人民美术出版社，2006.

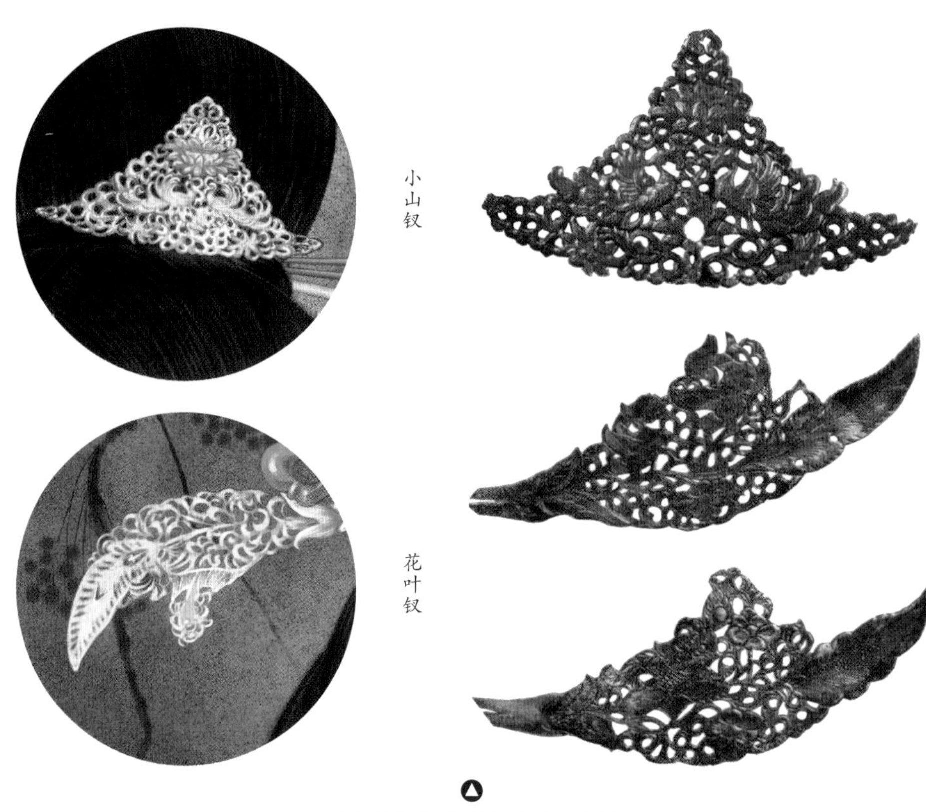

西安紫薇田园唐墓出土鎏金银钗

刘呆运，李明．唐朝美女的化妆术[J]．文明，2004，(4)．

❀ 首饰小识：花钗

这里所讲的“花钗”，不同于前文提到的唐代礼制中的“花树”钗，而是一种晚唐时新兴的首饰式样。目前所见时代较早的一组花钗，出土于西安惠家村大中二年（848年）墓[1]。这一时期正处乱世，藩镇割据，战乱频繁，唐朝的统治名存实亡。花钗的流行，大约也正是因着这样的背景。由于已无力置办耗费奢侈的镶嵌金筐宝钿的花树礼冠，命妇们只得退而求其次，采用一种略具其意的替代型头饰“花钗”。

① 阎磊．西安出土的唐代金银器[J]．文物，1959，(8)．

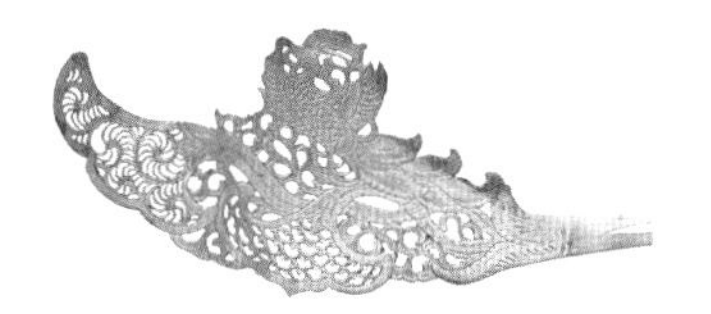

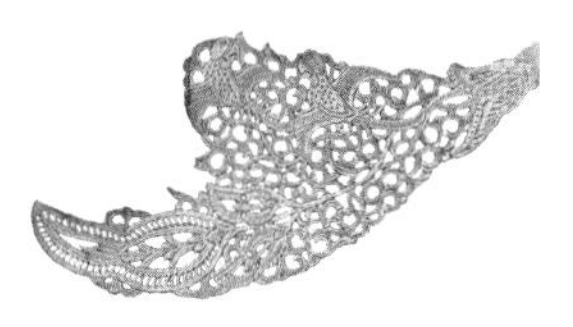

陕西铜川新区西南变电站唐墓出土鎏金银钗

铜川市考古研究所．陕西铜川新区西南变电站唐墓发掘简报[J]. 考古与文物，2019，1.

花钗的制作方式，是以一整根银条捶制，制出长长的钗脚和薄如纸片的钗头。钗头的外轮廓大多类似，呈现Y字形；其中錾刻剪镂出的繁复图案却各具匠心——通常为一朵花萼中开出一簇缠枝花草；花草一侧又另起一分岔，装饰衔花枝或绶带的瑞凤、成双的鸾鹊鸳鸯鸂鶒、扑花的飞蛾等诸多花样；之后再将钗整体鎏金，使得效果仍如金钗一般。

随着花钗的流行，它逐渐脱离了礼制束缚，使用变得广泛而日常，式样也出现了几类变体。敦煌石窟藏经洞所出唐人写本《时用杂集要字》中专列有“花钗部”，其下将花钗具体分为拢头花、旋风花、两支花，均可以与文物相对照。“拢头花”是就花钗用以拢发插头的功用而言；“旋风花”“两支花”应指式样更为繁复的花钗——将钗头由一增作二的当为“两支花”，如西安市西郊出土的鎏金花鸟纹银钗；将两支钗头的花茎又加以拧旋缠绕，当为“旋风花”，如陕西历史博物馆藏的一支鎏金闹蛾扑花卷蔓草纹银钗。

唐人写本《时用杂集要字·花钗部》

敦煌莫高窟藏经洞出土／英国大英图书馆藏

“两支花”式花钗

西安博物院藏

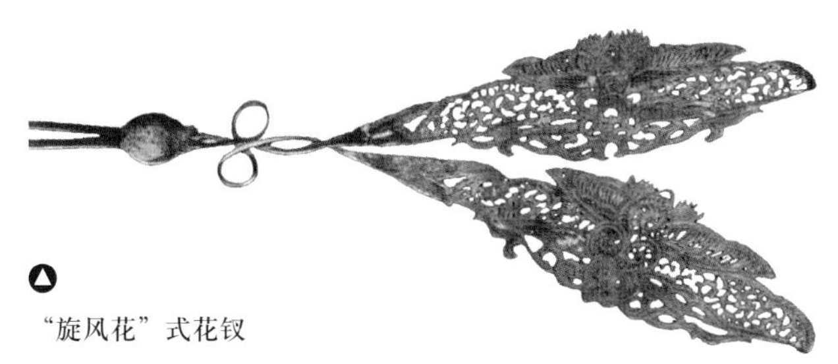

“旋风花”式花钗

申秦雁．金银器（陕西历史博物馆珍藏）[M]. 西安：陕西人民美术出版社，2003.

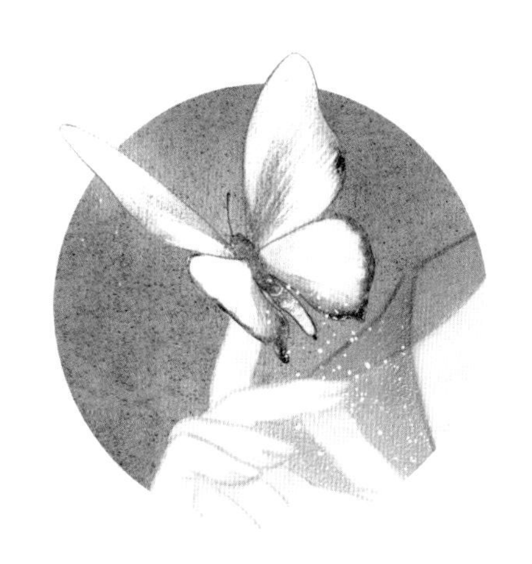

明月圆时休正面，乌云堆处莫回头。
妆台软掠轻梳罢，留与南唐周昉画。

五代南唐 簪花仕女图之谜

汤氏

1956年，安徽省合肥市西郊发现一座五代南唐时期的墓葬[①]。根据墓中一方木质买地券上的墨书文字可知，墓主人是南唐一位姓汤的贵妇人，有着“县君”（五品官员之母或妻）封号，葬于保大四年（946年）。虽汤氏墓很小，出土文物不多，买地券上亦未留下她的生平故事，但她头上的首饰却关系到传世名作《簪花仕女图》的绘制时代与作者问题。

① 石谷风，马人权．合肥西郊南唐墓清理简报[J]. 文物，1958，(3)．

过去人们长期将《簪花仕女图》视为唐朝画家周昉的作品，如今博物馆展览唐代文物时，也往往会配上《簪花仕女图》中的人物形象作对照示意。似乎这样一件杰出的作品，不配上一位赫赫有名的作者与大唐的煌煌盛世，就会显得逊色——这原是“爱之欲其生”的意思。然而对照出土的雕塑与壁画来看，唐代女性的妆束、发式与《簪花仕女图》

① 谢稚柳．唐周昉"簪花仕女图"的时代特性[M]// 谢稚柳．鉴余杂稿．上海：上海人民美术出版社，1979.

全然不同。在20世纪，书画大家谢稚柳先生依据画面上仕女妆束特征等细节，已提出该画绘制于五代南唐的观点[①]。论据之一，是陆游在《南唐书》中记载，南唐后主李煜的大周后，曾开创"高髻纤裳、首翘鬓朵之妆"的装束时尚，图中女子形象正可与之相印证；论据之二，是南唐陵墓中出土的女性陶俑，发式衣装均与画上相似。

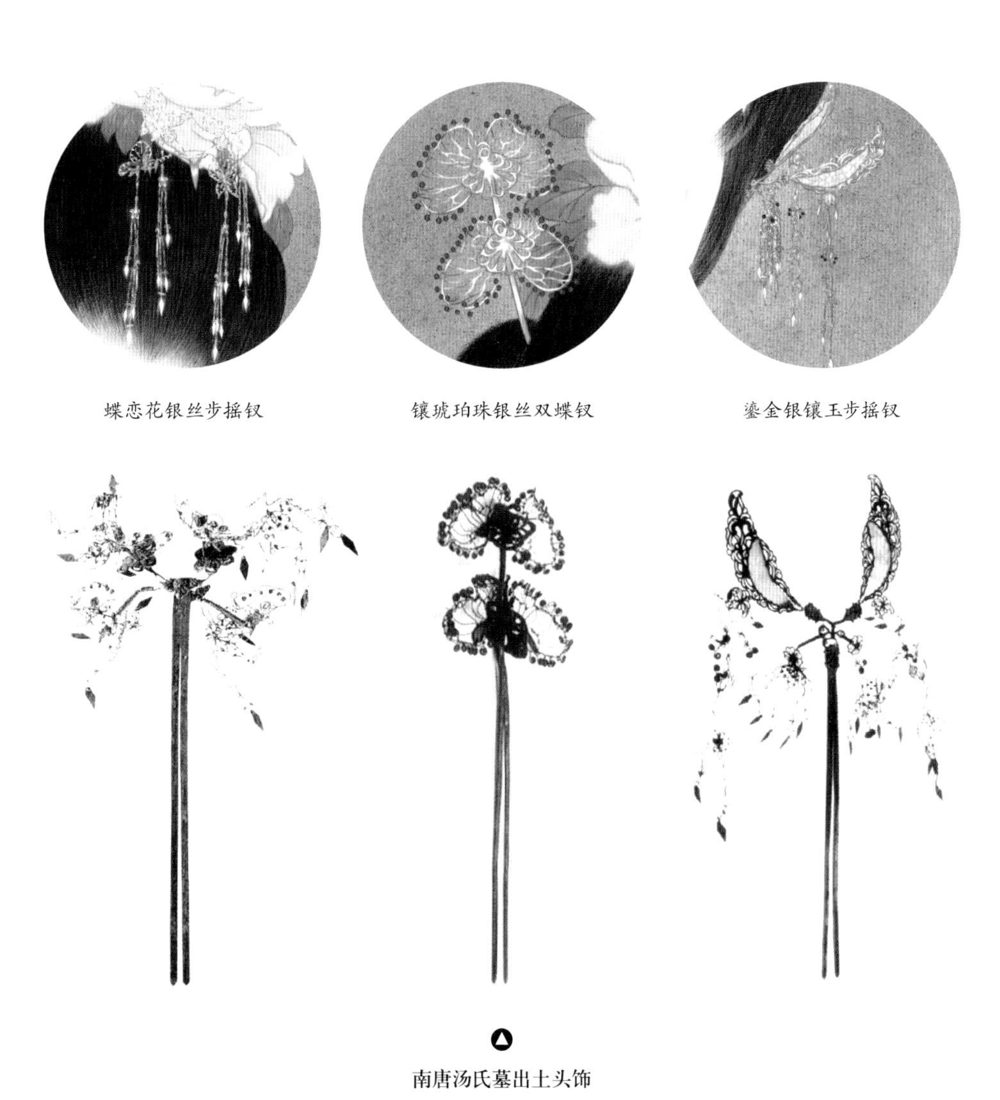

蝶恋花银丝步摇钗　镶琥珀珠银丝双蝶钗　鎏金银镶玉步摇钗

南唐汤氏墓出土头饰

汤氏县君头上的首饰实物进一步将谢稚柳先生的推论落到实处。中有鎏金银镶玉步摇钗一件、蝶恋花银丝步摇钗一件、镶琥珀珠银丝双蝶钗一件，又有若干压髻的U形长钗。它们不仅式样与《簪花仕女图》上绘制的类似，而且出土时尚未移位，插戴位置也与画中接近。有了首饰实物、人物雕塑与文献记载相对照，《簪花仕女图》绘于五代南唐应是确论。

① 扬州博物馆．江苏邗江蔡庄五代墓清理简报[J]. 文物，1980，(8)．

形象复原依据

不同于唐代的对称式插钗方式，五代时期的江南地区流行在高大发髻上插饰不对称的簪钗。早在五代杨吴便有此时尚，如江苏扬州吴顺义四年（924年）墓与邗江蔡庄吴乾贞三年（929年）浔阳公主墓[①]均出土有高髻上饰铜花钗的木质女俑。虽花钗式样仍与晚唐花钗接近，但插戴方式已有所不同：一支斜插向上，相对一侧的一支斜插向下。因此画中鎏金银镶玉步摇钗与镶琥珀珠银丝双蝶钗做如此对角斜插状态；另有银丝四蝶步摇钗一支，插于头顶高髻正前方。这种首饰组合方式正与《簪花仕女图》相同，因此整体服饰、妆容、发式均参照《簪花仕女图》中形象绘制。

头饰银钗的女俑

吴顺义四年（924年）／江苏扬州墓出土

南京大学历史学院文物考古系，扬州市文物考古研究所．江苏扬州市秋实路五代至宋代墓葬的发掘[J]. 考古，2017，(4)．

鎏金银镶玉步摇钗

钗体为银鎏金，钗头以银丝串连三个刻花叶纹的花饰接头，分别连接钗脚与附着的花钗饰片。花钗饰片有二，以银片雕镂出花叶，中心镶嵌雕花玉片。花钗下以银丝悬挂镂空银花片与菱形银片小坠构成步摇饰。钗头各饰件可拆卸组装。

▲

头饰银钗的女俑

吴乾贞三年（929 年）/浔阳公主墓出土

周汛，高春明．中国历代妇女妆饰[M]. 上海：学林出版社，1988.

▼

五代佚名《簪花仕女图》局部

辽宁省博物馆藏

❀ 首饰小识：结条钗

汤氏县君的首饰中最具有前朝风格的一件，是斜插于发髻顶部的镶琥珀珠银丝双蝶钗。钗头接续一段银丝扭制的弹簧，弹簧上一前一后焊接两枚菱形银花片，上栖以银丝编结的蝴蝶，蝴蝶周身又装饰有小粒琥珀珠饰，式样恰如温庭筠《菩萨蛮》中所谓“钗上蝶双舞”。

同出的一件蝶恋花银丝步摇钗，钗头做出云片，上接四枚弹簧，其二以六瓣花座分别托起一只银丝编成的蝴蝶，另二则是直接在弹簧上接出银丝绞缠的花朵；蝶、花之下，接起细细银丝、小小银片串成的步摇坠饰。

蝶恋花银丝步摇钗（局部）

鎏金银镶玉步摇钗玉片拓片

石谷风，马人权．合肥西郊南唐墓清理简报[J].文物，1958，(3).

唐末苏鹗所撰的笔记《杜阳杂编》中有一则极浪漫的传说与这类蝴蝶式样的首饰相关：

传说唐穆宗在宫殿前种植有千叶牡丹，开花时每到夜里，便有黄白色的蝴蝶数以万计，群集于花间，而且彼此间光辉照耀，直到破晓方才离去。宫人试图以罗巾扑蝶，一无所获。直到穆宗张设罗网，才捕到数百只放在宫殿内，供妃嫔追逐娱乐。到了天明，人们发现蝴蝶竟都是以金玉制成，形态极为工巧。于是宫人们用丝线系住蝴蝶的脚，用作首饰。到了夜里，盛放这些首饰的妆奁也发出了光芒。最终，人们发觉，这些蝴蝶都是宫中储藏的金钱玉屑化成的。

据此可知，这类金玉蝴蝶首饰大概是从唐末的宫廷中流行开来。其具体工艺也有文物、诗文可对看。

以金属细丝编结器用的工艺，在唐代被称为“结条”。这从法门寺地宫出土《随真身衣物帐》上所记“结条笼子”及相应实物得到了确证。这种工艺也常被运用在女子的首饰上。隋朝李静训墓出土的金结条飞蛾头饰编结工艺尚很规整结实；到了中晚唐时期，用作编结首饰的金银丝则被制作得纤软细弱。如中唐诗人王建《宫词》所言：

蜂须蝉翅薄松松，浮动搔头似有风。

一度出时抛一遍，金条零落满函中。

以金银丝编结的蜂、蝉等饰物，在长簪上轻轻颤动。美人在妆成出门之前，将这些首饰翻出挑拣一遍，纤巧脆弱的金结条首饰零落满函。五代时

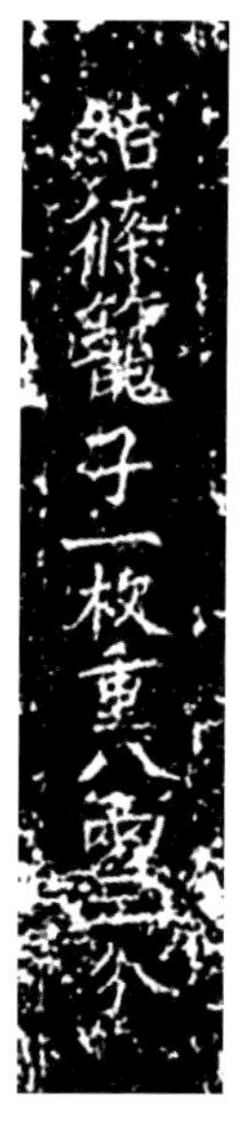

結條籠子一枚重八兩三分

法门寺地宫出土银结条笼子

陕西省考古研究院．法门寺考古发掘报告[M]. 北京：文物出版社，2007.

流行的结条式头饰不止于此，如另一支银丝四蝶步摇钗，钗头接续两朵银花与两个银丝扭制的弹簧，上均栖有银结条的蝶；蝶下还各自坠下一串纤巧的步摇挂饰。同类钗饰又见于江苏扬州南唐升元元年（937年）田氏墓、河北定州静志寺塔基地宫等处。

此外，山西永济市博物馆收藏有一组极为精巧的鎏金结条钗，其中一式仍是在小弹簧上另附挂饰；另一式则是直接以细丝拧旋出花叶来。

五代诗人和凝的《宫词》写后宫之中的一角闲愁，仍有结条钗的身影——春晴的一日，隔着红罗窗纱看去，倦绣的宫人斜倚熏笼，连多嘴的鹦鹉都睡了，唯有轻风带起她头上结条钗的一阵微微颤动：

红罗窗里绣偏慵，亸（duǒ）袖闲隈碧玉笼。
兰殿春晴鹦鹉睡，结条钗飐落花风。

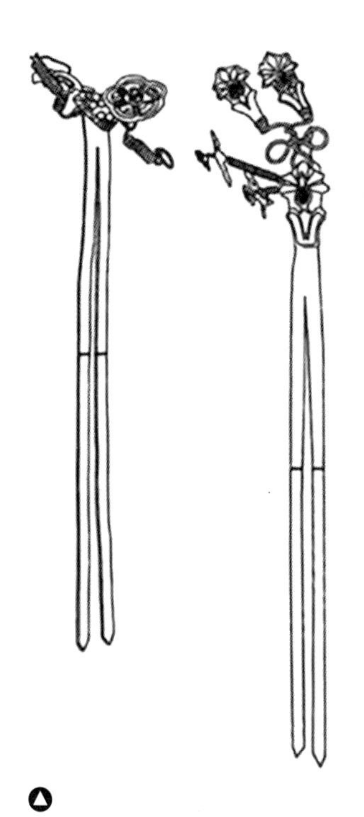

南唐升元元年（937年）田氏墓出土结条钗

扬州市文物考古研究所．江苏扬州南唐田氏纪年墓发掘简报[J]. 文物，2019，(5)．

山西永济西厢村出土结条钗／永济市博物馆藏

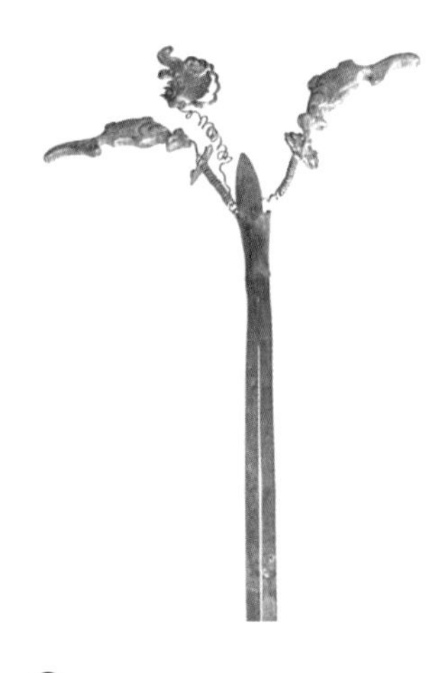

河北定州静志寺地宫出土结条钗

定州市博物馆藏

▲

康陵出土的金镶玉钗头与各式步摇挂饰

杭州市文物考古研究所．五代吴越国康陵[M]．
北京：文物出版社，2014．

❀ 首饰小识：玉凤雕钗袅欲飞

五代时的花钗式样，仿佛延续着唐时的意蕴。然其制作的匠心，究竟与前代有所差别：当时所流行的，一种是金银花钗与雕玉花钗结合，做成“金镶玉”或“银镶玉”，如南唐汤氏墓出土的鎏银镶玉步摇钗。而另一种，是直接将花钗的材质由可以随意捶打、雕刻的金属，换作轻巧易碎的薄薄玉片，运用极高超的玉工在其上细细刻画甚至镂空成剪纸一般的花饰。例如浙江临安五代吴越国康陵[①]出土了几枚玉钗首，将厚仅两毫米的玉片镂空碾刻出缠枝草中衔绶带的飞凤纹样，再装入银鎏金花萼形底座。后唐庄宗《阳台梦》中的“辫金翘玉凤”，前蜀花蕊夫人《宫词》中的“玉凤雕钗袅欲飞”，应均是就当时的流行钗式而言。

在花钗之下，也学着结条钗的式样，以金属丝挂起各式轻细纤巧的绶带形、花叶形小饰片。美人行走时，头上玉钗所挂的零珠碎玉也随步摇曳，如有微风拂动。

汤氏县君的鎏金银镶玉步摇钗是目前少有的保存完好的一件；而康陵却曾遭扰乱，各式小玉片与挂坠零落四散、其原始组合状态已难知晓。

① 墓主人为吴越国主钱元瓘之妻、恭穆王后马氏，葬于后晋天福四年（939 年）。

隋唐五代 女子典型首饰一览

礼制规定中的首饰

【花钗】

命妇最高等级礼服所用头饰，由花树、宝钿、博鬓、钿钗等构件组成。这些构件的数量与命妇身份等级相符。它们可附着在簪钗之上，使用时可分别插戴于发髻；也可事先安置于头冠形基座上，使用时直接戴在头顶。

【钿钗】

命妇盛装所用头饰（使用场合次一等），省略了纷繁的花树，以宝钿、钿头钗子数量区分等级。

北周—隋式

初唐式

武周式

北周—隋式 · 七钿花钗冠（据传世实物）

初唐式 · 隋炀帝萧皇后十二钿花钗冠（据出土实物，嵌宝多琉璃质，已褪色，色彩未知）

武周式 · 阎识微夫人裴氏六钿花钗冠（据出土实物，嵌宝未绘色）

唐代命妇“花钗”的等级		
皇后	花十二树	小花如大花之数，并两博鬓
皇太子妃	花九树	
内外命妇	花（钗）一品九树，二品八树，三品七树，四品六树，五品五树	施两博鬓，宝钿饰，宝钿准花树

流行时尚中的首饰

【金铜杂花】初唐

女官盛装、舞姬清乐所用的头饰；有品阶的女官仍可使用宝钿金花装饰；无品阶者采用金花、簪钗、杂宝。高宗朝以来流行搭配以钿钗撑起的宽大鬟髻，或直接佩戴所谓“漆鬟髻”。

金铜杂花

【义髻】武周

武则天时代贵族女性盛装所用。华丽者贴满金箔、金花装饰，最尊贵者更在髻前装饰模仿男性帝王头上冕旒的步摇串饰（据皇后礼佛图线刻石经幢中皇后形象推测）；普通者则在假髻上绘出花纹（据阿斯塔那唐墓出土绘花木假髻实物）。

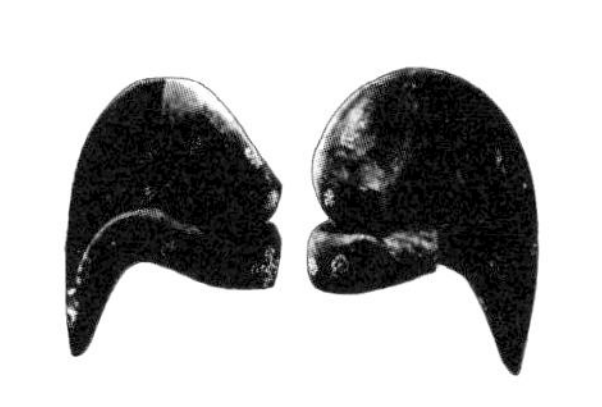

义髻

【花钿】武周

宫廷女性流行的头饰式样。在发髻上散布小金花钿作为装饰（据章怀太子墓石椁线刻推测）。

花钿

【钿头钗】武周

宫廷女性流行的头饰式样。金钗的钗梁间以金丝勾勒出繁复的花纹（据章怀太子墓石椁线刻推测）。

钿头钗

【步摇】武周

宫廷女性流行的头饰式样。在簪钗上挂饰各种金花、宝石串珠、小铃（据章怀太子墓、懿德太子墓石椁线刻人物形象推测）。

步摇

【凤冠】武周—盛唐

贵族女性流行的头饰式样。形为金银丝编结出的镂空凤形冠，罩在发髻之上（据章怀太子墓石椁线刻、敦煌莫高窟都督夫人王氏礼佛图壁画推测）。

凤冠

【碧罗芙蓉冠】武周—盛唐

以碧色纱罗制成的莲形冠饰。最初是道士所用的道冠，因唐朝道教盛行，故贵妇人们也喜爱使用（据唐代陶俑、壁画形象推测）。

碧罗芙蓉冠

【义髻子】盛唐开元

贵族女性流行的假髻式样。事先编好，可直接佩戴；式样由立于头顶[据新疆吐鲁番阿斯塔那墓开元三年（715年）出土实物复原]逐渐变为前倾堕于额顶（据阿斯塔那唐墓出土绢画推测）。

义髻子

【宝髻】盛唐开元

贵族女子盛装时使用。在预先制作好的假发髻上装饰各种以金银箔、金银丝编结底座、镶嵌珍珠宝石的花钿。又有对孔雀衔花枝的冠形底座配合宝髻使用[据唐开元二十四年（736年）宗女李倕墓出土冠饰构件、河南宝丰店开元年间唐墓出土首饰实物推测，采用开元流行的发式组合]。

宝髻

【花钿】盛唐天宝

盛唐时期的流行式样。花钿通常挂在金钗之上，再以金钗安于发髻（据新疆吐鲁番阿斯塔那唐墓出土绢画、武惠妃墓石椁线刻推测）。

花钿

【簪花】盛唐天宝

盛唐时期，已有在发髻上簪花的做法。杨贵妃曾在宝髻旁簪桃花：御苑新有千叶桃花，帝亲折一枝，插于妃子宝髻上，曰：“此个花真能助娇态也。”（《开元天宝遗事》）；敦煌曲子词中美人簪海棠：东风吹绽海棠开，香榭满楼台。香和红艳一堆堆，又被美人和枝折，坠金钗（敦煌唐人写本《虞美人》）。

簪花

【插梳】中晚唐

梳除了梳发外，又可插在发上做装饰。中唐以来，女子头上插梳愈加繁复。梳多为一对，可上下对插于发髻上，也可对插在两鬓。中唐元和年间更出现了在夸张“椎髻”前方排列多重小梳、两侧又插戴花草装饰的做法。

插梳

【百不知】中晚唐

唐穆宗长庆年间流行的繁复首饰，《唐语林》：“长庆中，京城妇人首饰，有以金碧珠翠，笄栉步摇，无不具美，谓之‘百不知’。”[据唐长庆四年（824年）齐国太夫人吴氏墓出土冠饰构件推测组合]。

百不知

之后流行夸张的扇头形簪钗（据西安郊区晚唐墓出土首饰实物推测组合）。

扇头形簪钗

【花钗】晚唐

由于国力衰颓，贵妇人无力置办华丽的花树式“花钗”，便将金银头钗用作礼装首饰的替代品。但这一时期，民间女性首饰也出现了仿制花钗的僭越现象（参照西安紫薇田园小区唐墓出土花钗、厦门陈元通夫妇墓中夫人头上的花钗实物进行推测复原）。

花钗

西施晓梦绡帐寒，香鬟堕髻半沉檀。
辘轳咿哑转鸣玉，惊起芙蓉睡新足。
双鸾开镜秋水光，解鬟临镜立象床。
一编香丝云撒地，玉钗落处无声腻。
纤手却盘老鸦色，翠滑宝钗簪不得。
春风烂漫恼娇慵，十八鬟多无气力。
妆成婑鬌欹不斜，云裾数步踏雁沙。

——李贺《美人梳头歌》

第三篇／髻鬟

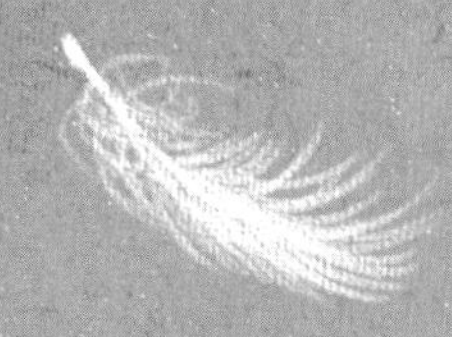

概说

女子的发式，通称为“髻鬟”。具体而言，髻是发股拧旋成结，鬟是发缕中空成环。依照当时礼制规定，未及笄的童女梳鬟；女子成年及笄许嫁后即梳髻。但在实际的情景中，鬟与髻并未区分得很清楚。少女、小婢通常作双鬟或顶髻双鬟组合的打扮；成年及笄后女子除了梳髻外，头上也可作鬟，以长钗挑起的高鬟更是搭配盛装的重要发式。

隋唐五代女子的髻鬟式样颇多，同样有着不断变换的时尚流行。各种流行发式多是自宫廷创制，再逐渐流传开来。后宫佳丽以发式斗巧争新，以求博得君王宠爱，如敦煌写本《宫词·水古子》写道：“春天暖日会妃嫔，各各梳头出样新。鹊语下阶争跪拜，愿令恩泽胜旁人。”

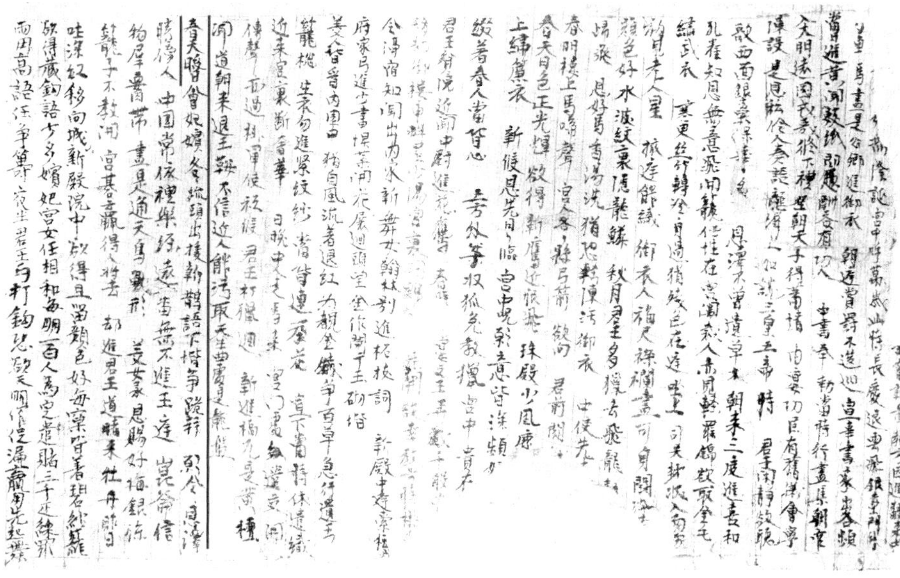

敦煌写本《宫词·水古子》

段成式《髻鬟品》、宇文氏《妆台记》、马缟《中华古今注》等书专门收录有各种发髻名称，加上《新唐书·五行志》与各类唐人笔记零星提及，现存的发髻名称有二十余种。这种种名称，大部分并未言明具体形制，但其中不少名称本身具有形象性或是有具体的时代背景，可以与唐朝绘画、雕塑中的女性发式进行比照。需特别说明的是，以下罗列的隋唐五代各时期发式，只是大致将考古所见唐代女子发式按不同时期加以归类，再按照发式的形态细节对照史籍比定名称；虽因史无确载，附会之处难免，但各时期的风貌尽可能贴切，大体可以反映出当时发式时尚流变的基本过程。

莺莺红娘夜探张生

殷红浅碧旧衣裳，取次梳头暗淡妆。
夜合带烟笼晓月，牡丹经雨泣残阳。
依稀似笑还非笑，仿佛闻香不是香。
频动横波娇不语，等闲教见小儿郎。

——元稹《莺莺》

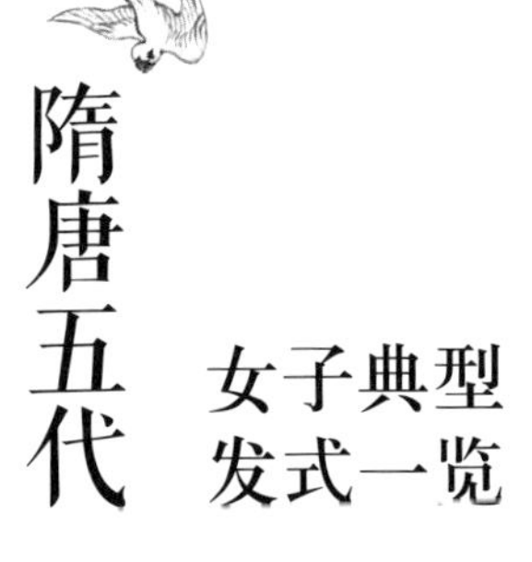

隋唐五代女子典型发式一览

隋—初唐

隋朝时期女子发式较为低平，发缕层叠盘绕于头顶，这大约与隋文帝崇尚节俭有关。但隋炀帝时已出现颇多变化求新的发髻式样。

初唐时发髻大多仍承隋制，但不久便有略高的发髻出现，唐太宗时高髻风尚已从宫中流行到民间。当时朝臣皇甫德上书谏言称“俗尚高髻，是宫中所化也”，引得太宗怒道：“宫人无发，乃称其意！”

【翻荷髻】隋炀帝时

挽长发收拢为一股，绕出一个向额顶倾覆的扁圆鬟髻，再从髻下将这股长发继续绕额平盘，在头顶正面的一侧翻卷向上，余下发缕收入鬟中。整体形态如尚未舒展开来的初生翻卷荷叶。

翻荷髻

【坐愁髻】隋炀帝时

所谓“发薄难梳，愁多易结”，“坐愁”即略带象形地委婉表示“结发”的意思。形态应如并列的双髻平坐于头顶。

坐愁髻

【朝云近香髻】隋炀帝时

梳理方式与“翻荷髻”类似。发缕在头顶绕额平行盘绕，翻卷弧度更为圆柔如云。

朝云近香髻

【半翻髻】唐高祖时

所谓“半翻”，梳理方式类似“翻荷髻”，但发髻更加紧缩小巧，是“翻荷”缩减至半的式样。

半翻髻

【乐游反绾髻】唐太宗时

这是从宫廷之中逐渐流行开来的高髻式样。“乐游”是当时长安城中的一处高原之名，可知这种发髻式样相较过去变高了许多，正合“乐游”之名。发缕在头顶多次盘旋，收入中央发髻时位置恰好与翻荷髻相反，位于头顶后方。

乐游反绾髻

武则天时代

随着贵族女性地位逐步提升，她们不再耗费过多时间盘绾发髻，日常生活中真发梳就的发髻向着小巧便利转变，正式场合中往往会使用事先做好造型的假髻。因不必采用太多真发梳髻，发量略有余裕，鬓发不再收拢紧贴，做丰隆蓬起状，时人美称其为“蝉鬓”，如卢照邻《长安古意》：“片片行云着蝉鬓”；张文成《游仙窟》：“鬟欺蝉鬓非成鬓”。

单髻

双髻

【单髻/双髻】唐高宗时

女子日常的发式，式样小巧简洁，以便另加其他首饰、假发。

双鬟望仙髻

漆鬟髻

【双鬟望仙髻/漆鬟髻】唐高宗时

从江南地区传开的流行发式，自魏晋南北朝时期的“撷子髻”夸张化发展而来。最初是用真发梳成，以金属簪钗挑起，后逐渐出现了涂黑漆的木质假髻供直接佩戴，名为“漆鬟髻”。

【交心髻／同心髻】武周至唐中宗时

女子日常的发式，自高宗时代的单／双小髻发展而来，更为饱满。交心髻是梳起成双的发髻，两髻中心各留出一股发缕，绕髻交叉盘旋而成。同心髻则是在单个发髻中心留出一股发缕，绕髻反复盘旋而成。

交心髻

同心髻

【义髻/惊鸿髻】武周至唐中宗时

自唐太宗时代流行的高髻式样发展而来。形态愈加宽广高大，形如鸿鹄掠起的一翼或两翼。梳理方式从过去直接以真发梳理而成演变至直接在简单的单髻或双髻上佩戴事先制好定型的假髻。

义髻

惊鸿髻

盛唐

开元时期，女性就发式时尚做出了颇多尝试，直到开元末年发式才基本定型。这是女性发式最为雍容的时期。

【倭堕髻】唐玄宗开元时

唐玄宗开元年间女子的流行发式，形为一个或两个小髻堕在额顶。当时诗人许景先《折柳篇》称“宝钗新梳倭堕髻”，即此。随着流行发展，发髻逐渐缩小，鬓发向外梳掠得愈加蓬松夸张。也有直接用假发为髻的。

倭堕髻

【愁来髻】唐玄宗开元天宝时

传说中杨贵妃所梳的发式，实为唐玄宗开元末至天宝初年女子的流行发式。鬓发蓬松向两边撑起、头后发松松下垂至肩再绾向上，尖长的小髻高翘向前，整体呈现因愁绪而草草绾起不做太多修饰的状态。

愁来髻

【义髻/回鹘髻】

唐玄宗开元末至天宝时

盛唐时期，义髻再度因杨贵妃的喜爱而变得广泛流行。当时流行的义髻式样大体可分为二式：一式形态尖耸向上；一式形态宽大弧圆，略向前倾。它们均由武则天时代流行的惊鸿髻演变而来。

义髻

回鹘髻

【偏梳髮子】唐玄宗天宝时

传说中杨贵妃所发明的发式，发髻偏垂一侧。“髮子”，即唐人对发髻的俗称。

偏梳髮子

【单髻/双髻】开元末至天宝时

女子日常的发式，贵族家中多为侍女所用。鬓发收拢向上梳出边棱，发髻盘结于头顶，髻式或为丰盈的圆髻，或为尖长的小髻。

单髻

圆式双髻

尖式双髻

中唐

安史之乱后，女性发式流行变化主要集中于鬓发。盛唐天宝年间贵妇人鬓发蓬松、后发松挽的雍容式样逐渐不再流行，升格成为礼制发式。一种在过去较为日常普通、身份较低的侍女所使用的简便发式，开始广泛流行。这种发式以鬓发作为主要修饰部位，其形为将鬓发向外梳掠，形成薄如蝉翼、竖立的式样；中唐时人仍称其为蝉鬓，如王建《宫词》："雪鬓新梳薄似蝉"，白居易《长相思》："蝉鬓鬅鬙（péng sēng）云满衣"，《任氏行》："蝉鬓尚随云势动，素衣犹带月光来"。这种鬓式逐步向夸张、华丽演变。中唐时期的发髻式样在8世纪后半叶发展不大，基本还是以盛唐的旧样为主。

直到9世纪初，一众贵族女性创制出多种以奇、诡为特点的新样髻式。虽当时文人视其为服妖，屡有谴责之辞，帝王更屡次将其作为奢靡陋俗加以禁断，但女子对时尚的追求始终不能禁绝。

中唐基础髻式

【盛唐旧样髻式】中唐时

虽然鬓发风格改变，但大量盛唐流行的髻式仍旧有所沿用，如倭堕髻、偏梳髻、慵来髻等。原本盛唐流行、使用义髻的回鹘髻式样，此时也纯以真发梳出，体量变得很小。

回鹘髻

偏梳髻

倭堕髻

慵来髻

【丛髻】安史之乱后至唐德宗贞元年间

头顶梳出丛状多鬟髻的式样。即所谓“娥丛小鬟”“翠髻高丛绿鬓虚”。鬟有多少之分，多者又有“百叶髻”“百合髻”等名。

丛髻

【堕马髻】唐德宗贞元年间

白居易诗称“风流夸堕髻”。诗下注：“贞元末，城中复为堕马髻、啼眉妆也。”这种发式最初是以真发梳出小发鬟，斜堕一侧。其后发鬟逐渐变大。

堕马髻

【归顺髻】唐德宗贞元末至宪宗元和初

这是堕马髻往夸张发展后的式样，其形为宽大发髻倾伏于一侧。时人将这一流行发式附会于当时节度使归顺、藩镇相继降服的政局，因名“归顺髻”。

归顺髻

【盘鸦/闹扫髻】唐德宗贞元末至宪宗元和初

张氏女《梦王尚书口授

闹扫髻

吟》诗："鬟梳闹扫学宫妆。"这是自宫中流行开来的发式，形态极为重叠繁复。后人记其状如大风吹散发髻，并使其倾覆于头顶。

盘鸦髻

【椎髻】唐宪宗元和末

元和末年自长安城中流行开来的发式，两鬓垂如角，额顶挑起一股发，高高梳起尖长的椎髻，椎髻之后拢作圆鬟或多重小鬟。

圆鬟椎髻

【高鬟危鬟】唐文宗太和时

高大的鬟髻以簪钗挑起直竖头顶，鬟发分成两重，用长簪长钗在脸畔撑开。

同时期的诗作中常见对女子这种流行发式的吟咏，如元稹句："髻鬟峨峨高一尺，门前立地看春风"；陆龟蒙《古态》："城中皆一尺，非妾髻鬟高"；段成式《戏高侍御》："两重危鬟尽钗长""四枝鬟上插通犀"，《柔卿解籍戏呈飞卿》："出意挑鬟一尺长，金为钿鸟簇钗梁"；李贺《杂曲歌辞》："金翅峨髻愁暮云"。这种夸张的发式在朝廷禁令之后有所收敛。

高鬟危鬟　　高髻

晚唐五代

战乱频繁，轻巧的蝉鬓式样不适应频繁奔走迁徙的历史环境，于是替代地出现两鬓垂绕发鬟抱面的式样。

云髻

【云髻】中晚唐

中晚唐时期流行颇久的发式，发髻宽广如云，便于广插钗梳首饰。

抛家髻

【抛家髻】唐僖宗时

唐末战乱前长安城中流行的发式，额顶挑发梳起的椎髻已变得平缓，后方远抛出倾倒的大鬟。后人将其附会成战乱时将要抛弃家园的征兆。《新唐书·五行志》："唐末京都妇人梳发，以两鬓抱面，状如椎髻，时谓之抛家髻。"

囚髻

【囚髻】唐僖宗时

唐末因战乱产生的发式。宫人避难时无暇梳理繁复的发髻，只得梳作紧实方便的髻式。《新唐书·五行志》："僖宗时，内人束发极急，及在成都，蜀妇人效之，时谓为囚髻。"

【慵来髻】唐昭宗时至五代

晚唐五代中原地区流行的发式，是鬓发蓬松，轻拢小髻的颓唐式样。罗虬《比红儿诗》："轻梳小髻号慵来。"

慵来髻

【拔丛髻】唐昭宗时至五代

晚唐五代中原地区流行的发式。大约是丛鬓披垂的式样。宋·王傥《唐语林》："唐末妇人梳髻，谓拔丛；以乱发为胎，垂障于目。"

拔丛髻

【朝天髻】五代

五代南方地区普遍流行起各式高髻，其中后蜀的流行式样名为"朝天髻"。《宋史·五行志三·木》："建隆初，蜀孟昶末年，妇女竞治发为高髻，号朝天髻。"

高髻／朝天髻

附：童女与少女发式

隋唐五代时期，尚未成年及笄的童女与少女的发式变化不多，多为丱发或耳畔的垂鬟。以下分别为丱发、双鬟、三角、多鬟。

丱发　　双鬟髻

三角髻　　多鬟髻

晓日穿隙明，开帷理妆点。
傅粉贵重重，施朱怜冉冉。
柔鬟背额垂，丛鬓随钗敛。
凝翠晕蛾眉，轻红拂花脸。
满头行小梳，当面施圆靥。
最恨落花时，妆成独披掩。

——元稹《恨妆成》

第四篇 / 粉黛

章台柳，章台柳，昔日青青今在否？
纵使长条似旧垂，亦应攀折他人手。
杨柳枝，芳菲节，所恨年年赠离别。
一叶随风忽报秋，纵使君来岂堪折。
——许尧佐《柳氏传》

唐朝 女性妆容步骤

傅粉

傅粉是唐代最基础的化妆。当时女子多以肌肤白皙为好尚，需先以粉傅面，以便更进一步修饰仪容。

铅粉是当时最为普及的基础化妆品之一，系用铅、锡等矿物烧制为粉末和香料制作而成。若是和以脂呈糊状，又名胡（糊）粉。铅粉质地细腻，洁白如雪，但性有毒，久用反会使人面色晦暗发青。

唐代女性也意识到这一点，于是又有了以米为主料的“英粉”，选取粱米或粟米加工制成。然而米粉不若铅粉那样易于附着在肌肤之上，因此英粉中往往也添加少量铅粉。敦煌石窟出土的唐人医方写本中，有一制粉的方法，将枸杞子与叶烧作灰，再以米汤混合反复烧研，最后以牛乳混合烧后研磨成细粉，混合蜜浆以涂面[①]。

傅粉不仅有使肌肤白皙的功效，还可掩饰皱纹，使面容显得年轻。史称武则天善于涂抹修饰，虽春秋已高，但即便是身边人也不觉其衰老[②]。盛唐时教坊名伶庞三娘善化妆，年长后面上多皱纹，便贴以轻纱，杂用云母、粉、蜜混合涂面，化妆后面貌如少女一般[③]。

① 出自敦煌莫高窟藏经洞所出唐人写本《头目产病方书》，法国国家图书馆藏。

②《新唐书·则天武皇后传》：太后虽春秋高，善自涂泽，虽左右不悟其衰。

③《教坊记》：庞三娘善歌舞，其舞颇脚重。然特工装束。又有年，面多皱，帖以轻纱，杂用云母和粉蜜涂之，遂若少容。尝大酺汴州，以名字求雇。使者造门，既见，呼为“恶婆”，问庞三娘子所在。庞绐之曰：“庞三是我外甥，今暂不在，明日来此奉留之。”使者如言而至。庞乃盛饰，顾客不之识也，因曰：“昨日已参见娘子阿姨。”其变状如此，故坊中呼为“卖假脸贼”。

匀红

黄金合里盛红雪，重结香罗四出花。

一一傍边书敕字，中官送与大臣家。

——王建《宫词》

在傅粉涂白面庞的基础之上，又需涂上胭脂使面色红润。早期的红色源自矿物朱砂，将朱砂研磨成粉调和脂膏，便可制作面脂或唇脂。大约在汉代时，自西域传入一种可以提炼出红色染料的植物“燕支”。人们将“燕支”与中原常见的蓝色染料“蓝草”比附，称其为“红蓝”[①]。用红蓝花汁提炼制作出的红色化妆品则得名胭脂。到唐代时，胭脂基本已经取代朱砂，成为红色化妆品的主要来源。

唐代红妆的名目，大约如宇文士及《妆台记》所记：“美人妆面，既傅粉，复以燕脂调匀掌中，施之两颊，浓者为酒晕妆；浅者为桃花妆；薄薄施朱，以粉罩之，为飞霞妆。”

① 《古今注·草木》：“燕支，叶似蓟，花似捕公，出西方，土人以染，名为燕支。中国亦谓为红蓝，以染粉为妇人色，谓为燕支粉。”

画眉

弯弯柳叶愁边戏，湛湛菱花照处频。
妩媚不烦螺子黛，春山画出自精神。

——（唐）赵鸾鸾《柳眉》

① 研究者或根据“螺子黛”之名认为这种黛是提取自紫贝的特殊颜料。实际“螺子”应是就人工墨块的形态而言，如（晋）陆云《与兄机书》中便有“送石墨二螺”。

② 唐人托名颜师古所作《大业拾遗记》所记。

③ 此事记载于唐人张泌《妆楼记》：“明皇幸蜀，令画工作十眉图，横云、斜月皆其名。”十眉全名录于宋人叶廷珪《海录碎事》，可能为宋人附会唐人事，其中多种眉样实则分别流行于唐的不同时期。

眉是唐代女子修饰面容的重点。在东方式审美喜好纤巧五官的同时，双眉起着提起精神、增添妩媚的功能。

女子画眉的传统材料是“黛”。黛是一种黑色的天然矿物，成分以石墨为主。化妆时先将块状的黛在砚板上研磨，加水调成墨汁，再用笔蘸墨汁画眉。《释名》解释“黛”字意为“代也，灭其眉毛，以此代其处也”。

与此同时，又流行着自西域传入的异国颜料“青黛”。这是一种人工合成的黑泛深青色的颜料，使用时无须经过繁复的研磨调和过程，蘸水即可直接画眉。其中最高级者来自波斯，名“螺子黛”，大约是制成圆锥螺形的黛块，使用起来如当今眉笔一般方便[①]。在唐人笔下的传说中，隋炀帝宠爱善画长蛾眉的女子吴绛仙，特赐以每颗价值十金的螺子黛。“司宫吏日给螺子黛五斛，号为蛾绿。……后征赋不足，杂以铜黛给之，独绛仙得赐螺黛不绝。”[②]青黛画眉，颜色较石黛更为鲜明秾丽。

直到盛唐，女子的眉式分粗、细两类，流行时有交替。传说唐玄宗因安史之乱避祸于蜀地时，曾命画工将十种女子眉样入画，名目大致有“鸳鸯眉（八字眉）、小山眉（远山眉）、五岳眉、三峰眉、垂珠眉、月棱眉（却月眉）、分梢眉、涵烟眉、拂云眉（横烟眉）、倒晕眉”[③]。其中一部分可以凭借名称来推知具体形象，并进一步与诗文印证知晓，这些眉形实际上大致涵盖了唐朝不同时期的流行式样，并非只是玄宗一朝；但也有些名目已很难在历史记载中寻到完全吻合的印证。

大约是在中晚唐之际，随着制墨工艺的发展，以烟墨代替青黛画眉的风气兴起。女子选择人工精制的好墨，经火煨烤后染于指尖，再用指尖点画出眉形，“自昭哀来，不用青黛扫拂，皆以善墨火煨染指，号熏墨变相”。时俗以浓重的眉影为好尚，平康美人尤将此风发展到了极致，时人甚至以“变相”来形容女子眉形的多变与华丽：“莹姐，平康妓也，玉净花明，尤善梳掠，画眉日作一样。唐斯立戏之曰：‘西蜀有十眉图，汝有眉癖若是，可作百眉图，更假以岁年，当率同志为修眉史矣。’有细宅眷而不喜莹者，谤之为胶煤变相。”当然也有女子逆时尚而行：“范阳凤池院尼童子，年未二十，秾艳明俊，颇通宾游。创作新眉，轻纤不类时俗。人以其佛弟子，谓之‘浅文殊眉’。”而五代宫中所流行的诸般眉样，有“开元御爱眉、小山眉、五岳眉、垂珠眉、月棱眉、分梢眉、涵烟眉”等[1]。

① 本段引文均见宋人陶谷《清异录》。

附：唐朝女性流行眉式概览

部分眉式为唐朝女性普遍较喜爱的眉形，曾有过多次流行反复。

【蛾眉】

这是唐人对女子眉的泛称，但具体而言，是形容眉形如蛾的触角。所谓“淡扫蛾眉”，是较为自然的眉式。

【柳叶眉】

因眉形如柳叶而得名。初唐、盛唐、中唐都曾流行过这种眉式，但其间也有粗细之别。

【月棱眉】

又名却月眉，眉如一钩弯月，上部轮廓分明，下端略有晕开。初唐、晚唐时期的女性常见这类眉形。

【倒晕眉】

与月棱眉相反，这类眉下部界限分明，上部略有晕开。

【小山眉】

又名远山眉，眉色如烟云之中平缓浮现的一脉远山。

部分眉式较为特殊，仅流行于特定的某段时期。

【连眉】

武则天时代前期（约 680 年前后）的流行眉式，眉形大胆夸张，眉色浓黑，眉心近乎相连。

【涵烟眉】

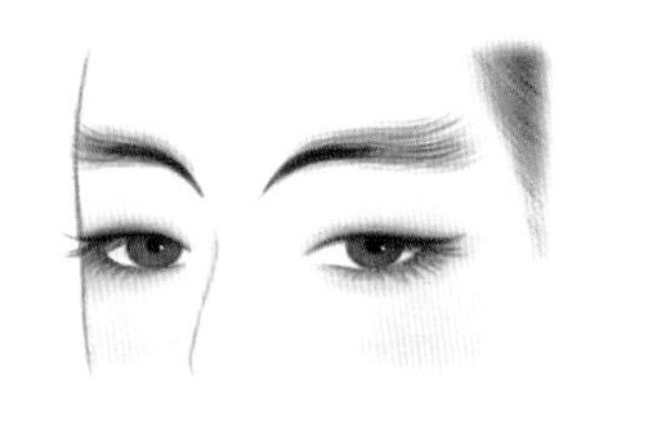

武则天时代后期（约700年前后）的流行眉式，眉心收尖，眉尾自然晕开。盛唐时仍有这类式样，但更为浓黑。

【连娟眉】

流行于盛唐开元中期（约 730 年前后）。细长弯曲的长眉，两眉间距依然极近。

【拂云眉】

流行于开元末至天宝初年（约 740 年前后）。眉形如平云拂过，是较为宽阔的眉形。

【垂珠眉】

流行于盛唐天宝年间（742—756 年）。眉形如水珠滴垂向眉心。

【鸳鸯眉】

眉形如皱眉啼哭状，又名八字眉、啼眉。自中唐贞元年间（785—805年）开始流行，起初眉形纤细，随后几朝逐渐演变得浓而黑。

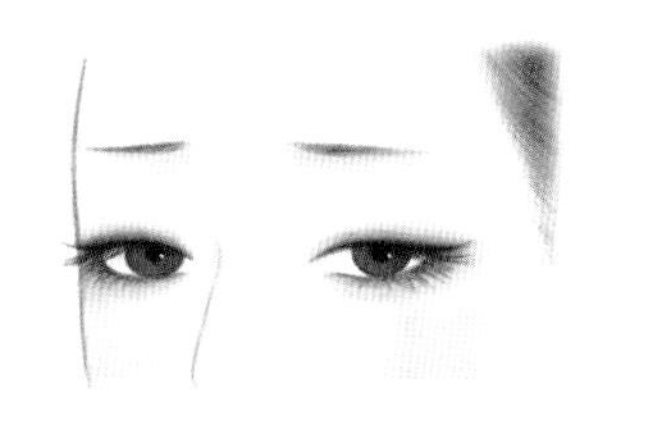

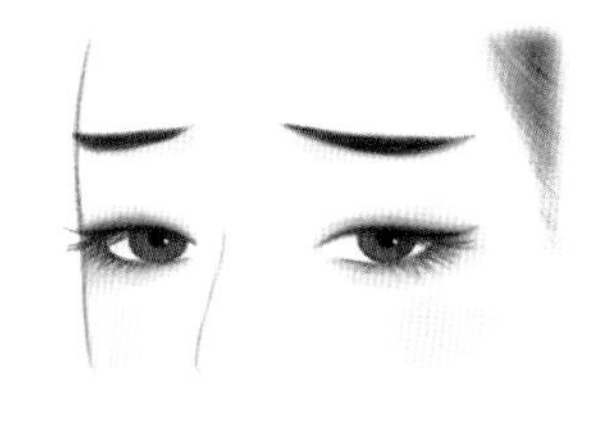

【分梢眉】

唐文宗太和年间（827—835年）流行的奇特眉式，需剃去原眉再另行画出，眉上分出数个分歧如起伏的山峦。

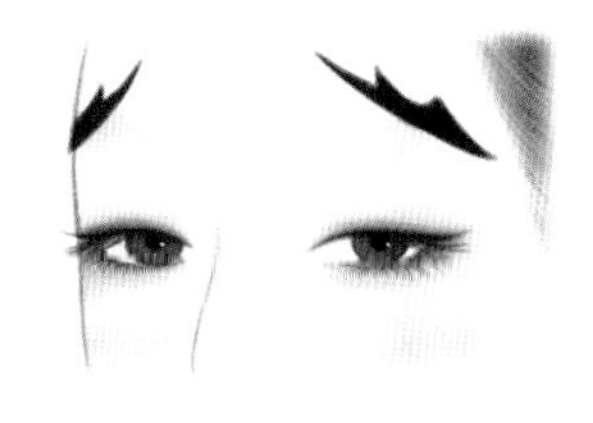

注唇

脸粉难匀蜀酒浓，口脂易印吴绫薄。
娇饶意态不胜羞，愿倚郎肩永相著。

——（唐）韩偓《意绪》

唐女往往是先在面部傅粉，掩盖原有的唇形，再以唇脂另绘出心仪的唇形。

唐朝时常见的唇脂，是将着色所用的紫草、朱砂等物与蜡、香料等物煎煮融合而成。制好的唇脂呈凝固的膏状，可盛在小盒之中。当时也有将唇脂注入小筒的做法，这类唇脂以长度计量，唐人小说《会真记》中张生赠给莺莺的礼物中便有“口脂五寸”。画唇妆时，是以指尖挑起一点唇脂，点注于唇上，匀出唇形。

晚唐僖宗、昭宗年间，长安娼家女子竞相比较唇妆，以此作为美与否的标准，因此产生的唇妆名目有十余种之多，依照宋人陶谷《清异录》所记，有“石榴娇、大红春、小红春、嫩吴香、半边娇、万金红、圣檀心、露珠儿、内家圆、天宫巧、洛儿殷、淡红心、猩猩晕、小朱龙、格双唐、媚花奴”。虽这些名目已难寻真实状貌，但从字面上推测，大抵是以唇形、唇色做区别，有的还混入香料，因此带有芳香。

附：唐朝女性流行唇式概览

初唐唇式以纤小秀美为尚；随后逐渐向丰满、秾丽、圆润发展，到盛唐达到顶峰；随后的中唐，流行唇式变为圆且小的“樱桃式”，又产生了乌膏注唇一类的奇特唇色；晚唐时期唇式名目极多，其中更已有了特别强调晕染效果、由唇心向外晕染开来的唇式。

唐朝女性流行唇式演变

贴花子

腻如云母轻如粉，艳胜香黄薄胜蝉。

点绿斜蒿新叶嫩，添红石竹晚花鲜。

鸳鸯比翼人初帖，蛱蝶重飞样未传。

况复萧郎有情思，可怜春日镜台前。

——（唐）王建《题花子》

花子是眉额中间的一种装饰，可大致分为两种：一种是直接用颜料妆绘图形于额上；一种是以绢纸甚至金碧珠翠等物预先制好花钿，化妆时用呵胶将其贴上。呵胶据说是以鱼鳔熬制成的胶水，涂在花钿之后能牢固粘贴于皮肤之上，卸妆时热敷片刻便会自然掉落。

传说这种妆容起自南朝宋武帝之女寿阳公主。公主有一日卧于含章殿檐下，庭中梅花飘落暗香萦绕，恰有一朵落在公主额间，染作五出花形，拂抹不去，三日后才得以洗掉。宫人们惊异于公主面上这偶然的妆点，遂竞相效仿，制出梅花形饰物贴额[①]。又有记载称女子用花子作为面饰，起自武周时代的上官婉儿。婉儿因得罪武则天而被刺伤于额，才贴花子掩饰疤痕[②]。

附：唐朝女性流行花子式样概览

唐时简易的花子式样为圆点或滴珠形。但不同时期也有着特殊的流行，它们或夸张繁复，或纤巧细腻。华丽者又有直接以金珠宝石制作而成。

① 《事物纪原》引《杂五行书》：宋武帝女寿阳公主人日卧于含章殿檐下，梅花落额上，成五出花，拂之不去，经三日洗之乃落。宫女奇其异，竞效之。

② 依《酉阳杂俎》所记：今妇人面饰用花子，起自昭容上官氏所制，以掩点迹。大历之前，士大夫妻多妒悍者，婢妾小不如意，辄印面，故有月点、钱点。《北户录》中进一步详述其事：天后每对宰臣，令昭容卧于案裙下，记所奏事。一日宰相对事，昭容窃窥，上觉。退朝，怒甚，取甲刀札于面上，不许拔。昭容遽为乞拔刀子诗。后为花子，以掩痕也。

唐朝女性流行花子式样演变

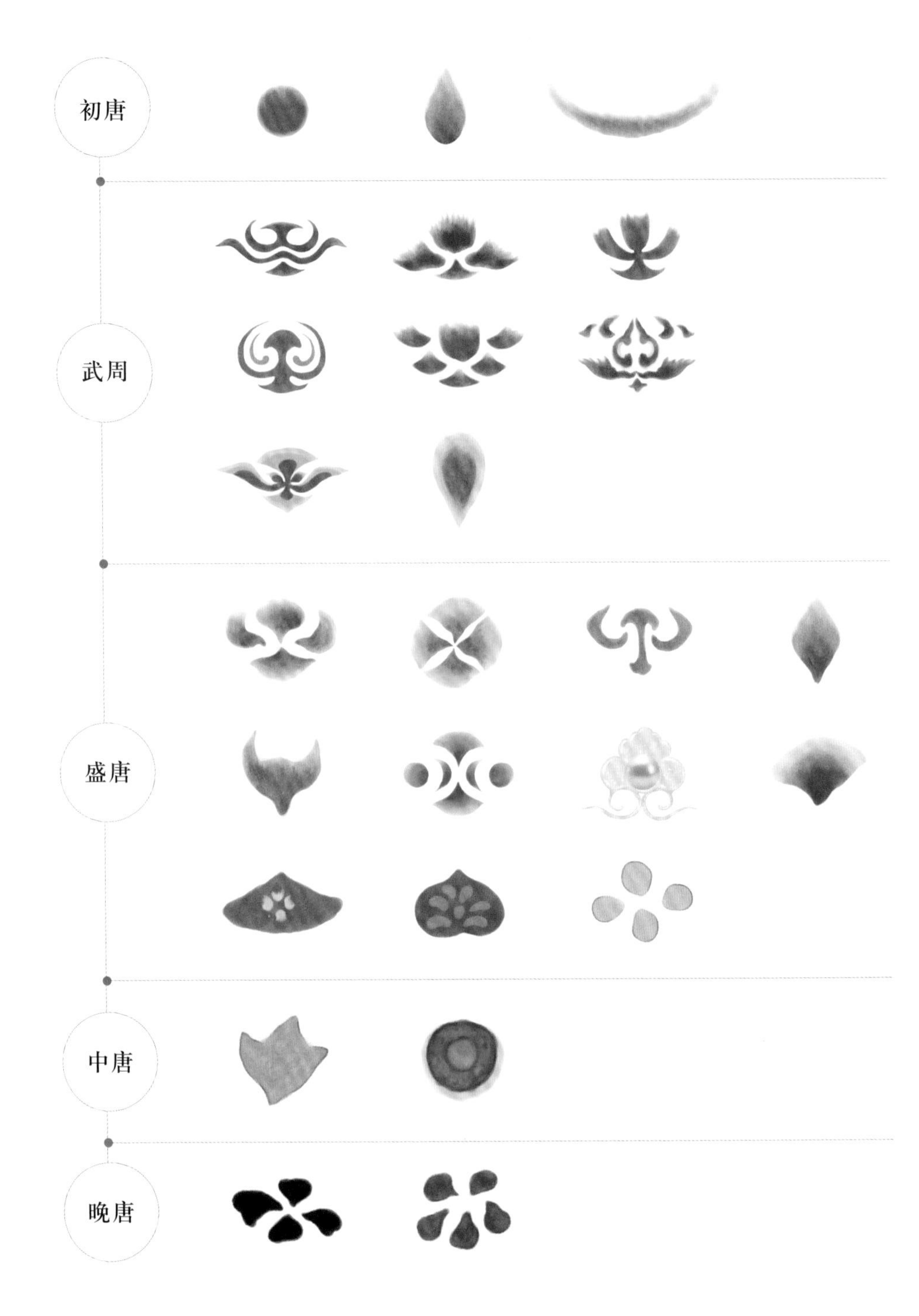

绘斜红

重叠鱼中素，幽缄手自开。
斜红余泪迹，知著脸边来。

——（唐）元稹《鱼中素》

传说斜红始于三国时期。美人薛夜来初入魏宫，一天夜里，魏文帝曹丕在灯下咏诗，四周以七尺水晶屏风相隔。夜来走近而不觉屏风，面触屏上，伤处瘀血艳丽如朝霞将散，却因此引得文帝宠爱。此后一众宫人竞相以胭脂仿画夜来妆容，并美称其为“晓霞妆”[①]。

①《妆楼记》：夜来初入魏宫，一夕，文帝在灯下咏，以水晶七尺屏风障之。夜来至，不觉，面触屏上，伤处如晓霞将散。自是，宫人俱用臙脂仿画，名“晓霞妆”。

附：唐朝女性流行斜红式样概览

唐时的斜红经历了几次流行变化，起初只是呈简易的垂直伤痕状，随后在武则天时代演变出云形、花形等繁丽的式样。到了盛唐开元年间，斜红式样再度简化，流行也呈现出日渐式微的状态，但仍偶有女性以彩绘飞鸟或金钿作为斜红的替代物装饰在脸畔。中唐大历朝以后，斜红一度消失，但在长庆年间随着“血晕妆”的流行而有所回转，变作夸张的伤痕或瘀血状。直到晚唐仍偶见女子绘有斜红。

唐朝女性流行斜红式样演变

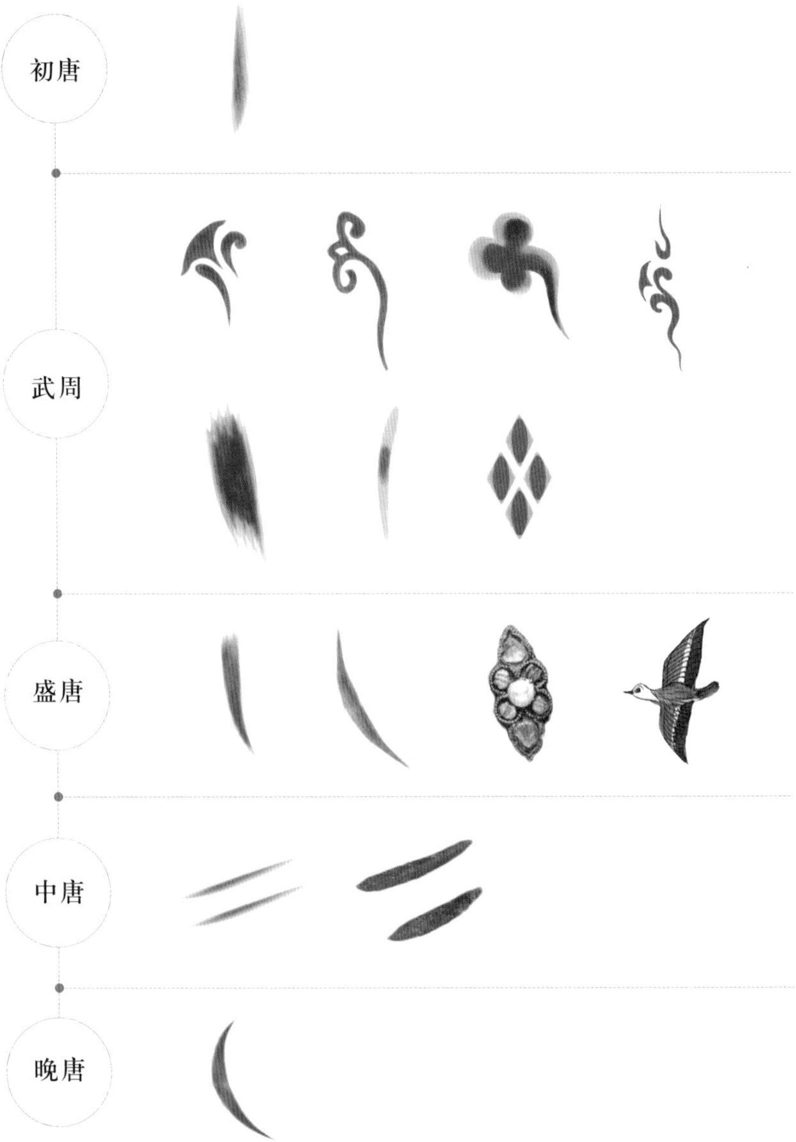

初唐

武周

盛唐

中唐

晚唐

施面靥

启齿呈编贝，弹丝动削葱。

醉圆双媚靥，波溢两明瞳。

——元稹《春六十韵》

所谓面靥，并不是女子微笑时面颊上露出的靥涡，而是一种在嘴角两侧面颊上涂绘颜料或粘贴花片形成的假靥。

古时的面靥名“的”，是一种实用标记。天子诸侯的后妃按制需依次侍寝，若遇月事不能侍奉，又羞于讲出缘由，便在脸上点上红色圆点，女史见后自会在侍寝名单上不列其名[①]。

① 《释名·释首饰》：以丹注面曰的。的，灼也，此本天子诸侯群妾当以次进御，其有月事者止不御，重以口说，故注此于面，灼然为识。女史见之则不书其名于第录也。

而面靥作为流行的妆容，传说始于三国时期。吴国皇子孙和醉酒后突有兴致，于月下舞水晶如意，却不慎失手打伤了宠姬邓夫人脸颊。血流沾污于裤，美人惊惧娇呼，孙和忙令太医合药为夫人治伤。太医开出名贵的白獭髓与玉石粉、琥珀屑。白獭髓难得，孙和开出百金悬赏。邓夫人伤痕治好后，因药中所合琥珀过多，愈合处留下赤点如痔。夫人如玉肤色衬以红点，孙和只觉更显娇妍。从此一众女子为获宠爱，都以丹红胭脂点颊[1]。

唐时流行的面靥，进一步产生了黑靥、翠靥、花靥等繁多的式样名目。

妆奁（lián）

各类脂粉妆品常盛在圆形或花形的小盒之中；又有直接以天然蚌壳或金银仿制的蚌壳形小盒，作为盛放脂膏类妆品的器皿。化妆时，有盛水或油的小水盂用以调和香膏使用。

开元六年（718 年）韦恂如妻陆娧墓中出土了一套完整的妆具，包括一面银背铜镜、各式小盒、两件鎏金银质小盂。墓主陆娧十五岁出嫁，二十岁早逝，遗下女儿英娘年仅三岁。韦英娘自幼由祖母养育，在十七岁时却不幸染疾亡故；开元二十一年（733 年）韦英娘墓中同样出土了一组妆具，包括一面金背铜镜、各式鎏金银质小盒与一柄刻花银勺。母女二人昔日凝定在镜中的盛唐面影早已消散，唯余这些空空妆奁供今人怀想。

河南偃师杏园开元二十六年（738 年）李景由夫妇墓[2]中出土一件保存完整的方形银平脱漆木妆奁，盒面以银箔平脱细密华丽的缠枝花卉纹样。内部分两层，上层装木梳及贴面的小型金花钿；下层装圆形漆粉盒、鎏金银盒、小银碗和小鎏金铜镜等物。

① 《拾遗记》：孙和悦邓夫人，常置膝上。和于月下舞水精如意，误伤夫人颊，血流污裤，娇姹弥苦。自舐其疮，命太医合药。医曰："得白獭髓，杂玉与琥珀屑，当灭此痕。"即购致百金，能得白獭髓者，厚赏之。有富春渔人云："此物知人欲取，则逃入石穴。伺其祭鱼之时，獭有斗死者，穴中应有枯骨，虽无髓，其骨可合玉舂为粉，喷于疮上，其痕则灭。"和乃命合此膏，琥珀太多，及差而有赤点如朱，逼而视之，更益其妍。诸嬖人欲要宠，皆以丹脂点颊而后进幸。妖惑相动，遂成淫俗。

② 中国社会科学院考古研究所．偃师杏园唐墓[M]．北京：科学出版社，2001．
李景由夫人卢氏去世于开元十九年（731年），妆奁可能是先随夫人葬入墓中，也可能是开元二十六年夫妇合葬时所添。

各式妆具：鎏金银制水盂、油盂、粉盒、胭脂盒，银背铜镜

唐开元六年（718年）／韦恂如妻陆娧墓出土

陕西省考古研究所．陕西新出土文物选粹[M]．重庆：重庆出版社，1998．

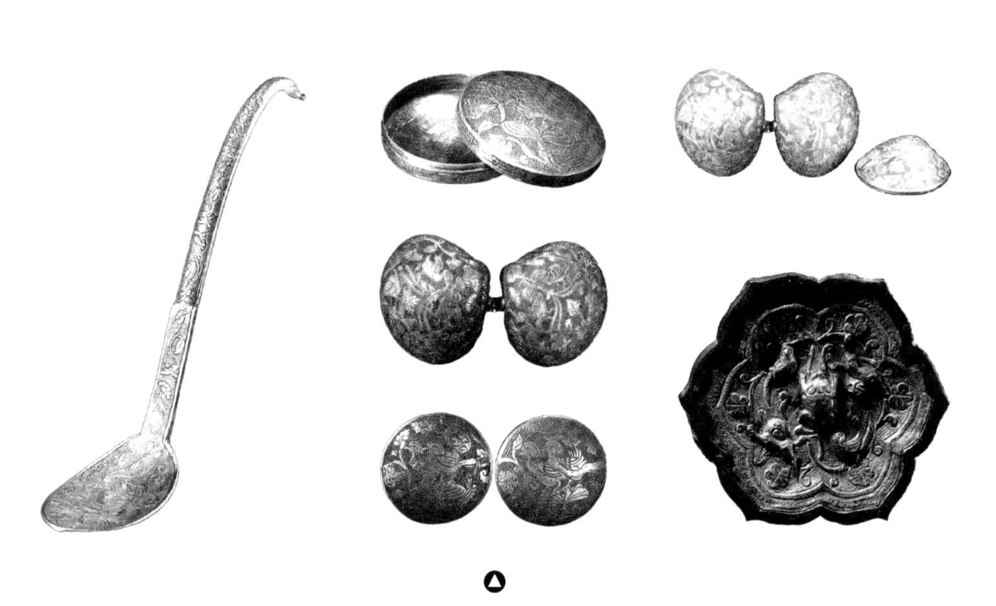

各式妆具：鎏金银制勺、粉盒、胭脂盒，金背铜镜

唐开元二十一年（733年）／韦恂如女韦英娘墓出土

陕西省考古研究所．陕西新出土文物选粹[M]．重庆：重庆出版社，1998．

时代稍晚，这类妆具组合仍是女子妆台的爱物。如太和三年（829 年）高府君夫妇墓中，夫人李氏所随葬的仍是一组由金背铜镜、鎏金小银盒、水盂、小勺组成的套件。

“盒”字又写作“合”，因此各类盛有脂粉香膏的小盒，成为男女间相赠以表情意的信物；方寸小物间容有无数悲欢离合。白居易《长恨歌》末尾便写已成仙的杨贵妃托临邛道士致意，将昔日的定情信物钿盒与金钗拆分送还唐玄宗：

> 回头下望人寰处，不见长安见尘雾。
> 惟将旧物表深情，钿合金钗寄将去。

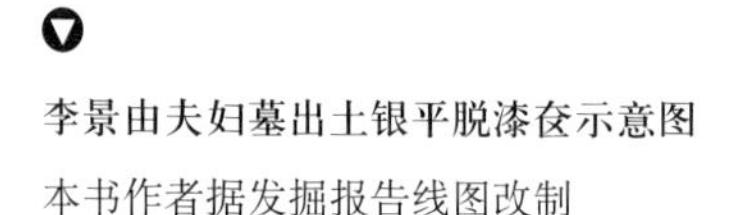

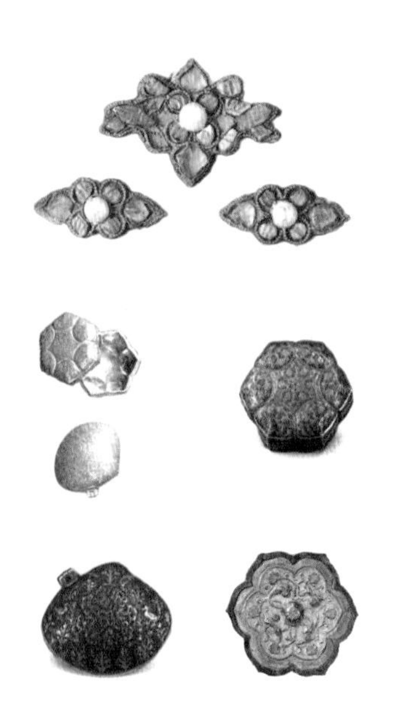

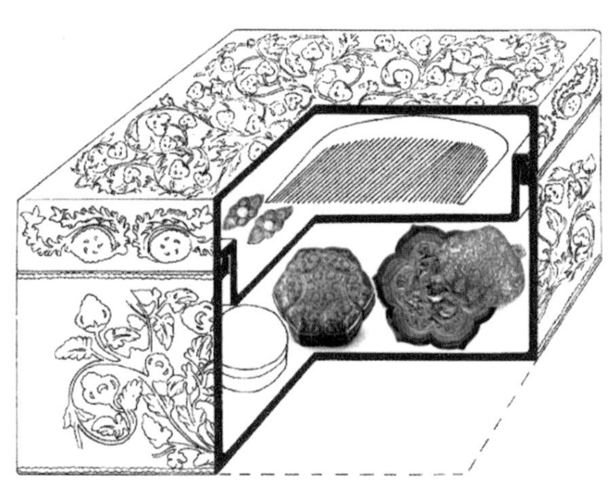

李景由夫妇墓出土银平脱漆奁示意图
本书作者据发掘报告线图改制

各式妆具：粉盒、胭脂盒、鎏金银勺、金背铜镜、水盂

唐太和三年（829年）／高府君夫妇墓出土

洛阳市文物工作队．洛阳市东明小区C5M1542唐墓[J]．文物，2004，(7)．

钗留一股合一扇，钗擘黄金合分钿。

但教心似金钿坚，天上人间会相见。

在唐人传奇《柳氏传》中，也记有这般情节：天宝年间，韩翊有爱姬柳氏。因安史之乱二人离散，直到战后方再相遇。韩翊寄诗与柳氏："章台柳，章台柳，昔日青青今在否？纵使长条似旧垂，也应攀折他人手。"柳氏答诗："杨柳枝，芳菲节，所恨年年赠离别。一叶随风忽报秋，纵使君来岂堪折！"原来此时柳氏已被蕃将沙吒利强占，二人无法团圆，只能暗中相约再见。柳氏的车驾行经，她见到故人——以轻素结玉合，实以香膏，自车中授之，曰："当速永诀，原置诚念。"乃回车，以手挥之，轻袖摇摇，香车辚辚，目断意迷，失于惊尘。她将盛满香膏的玉盒赠与爱人作为分别留念——从此再难相见，可她的脂粉气息却能与情郎长相陪伴……

韩偓作有杂言诗《玉合》一首，更是道出一枚小小粉盒背后的怅惘情意：

罗囊绣两凤凰，玉合雕双鸂鶒。
中有兰膏渍红豆，每回拈著长相忆。
长相忆，经几春？人怅望，香氤氲。
开缄不见新书迹，带粉犹残旧泪痕。

类似的信物，大约如西安唐代宫城遗址中出土的一件青玉小盒，两瓣盒身雕饰折枝牡丹，以金花小纽相连；顶端扣合处雕一双鸂鶒，其间镂雕穿孔，便可如柳娘一般穿上丝带束起。又如西安出土有一件鎏金小银盒，盒底刻有和合二仙与“二人同心”字样，背后结着情思的故事仿佛可以想见。

西安唐代宫城遗址出土玉盒
刘云辉. 北周隋唐京畿玉器[M]. 重庆：重庆出版社，2000.

西安出土“二人同心”鎏金银盒
本书作者摄

隋唐五代 女子典型妆容一览

隋—初唐

这一时期妆容整体风格尚轻巧纤丽。女子肤色以傅粉洁白为美，又喜在双颊饰以红妆。眉样以细眉为主。如唐太宗才人徐贤妃《赋得北方有佳人》：“柳叶眉间发，桃花脸上生。”也有在额际及两颊画上细细斜红的妆容。太宗贞观朝后期，女子妆容开始变得浓艳，出现了两颊与双眼上下都涂红的妆容。

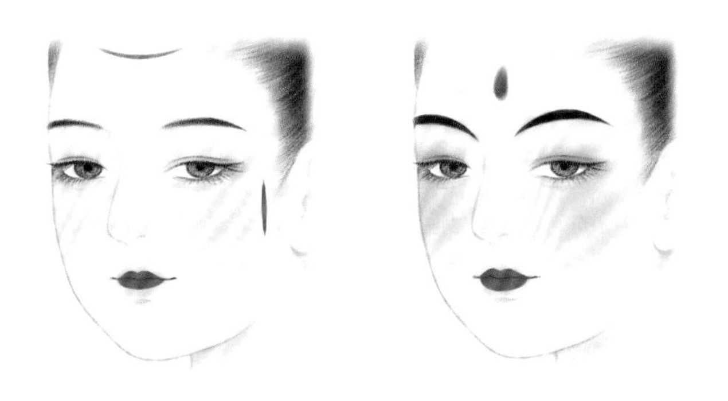

武则天时代

在武则天再度入宫的高宗朝初年，女子妆容大体延续着贞观末年的时尚，柳眉白面，眉眼双颊涂红。接下来眉式向着粗黑阔眉发展，双眉间隙也变得较窄。到了高宗与武则天二圣临朝时期，妆容变得更加艳丽，额上的花钿与两颊的斜红愈加浓艳，产生更丰富的花式，两侧嘴角也装饰有点状面靥。当时诗文《游仙窟》形容女子妆容："红颜杂绿黛，无处不相宜。艳色浮妆粉，含香乱口脂。鬓欺蝉鬓

非成鬟，眉笑蛾眉不是眉”“口上珊瑚耐拾取，颊里芙蓉堪摘得”“靥疑织女留星去，眉似姮娥送月来”。随着武周女帝时代的到来，女子面上更加秾丽，花钿占满额头，双眉晕开眉尾，眉下直至双颊施以浓重胭脂。直到武则天退位、中宗复位，女子妆容才有所收敛。

盛唐

开元前期的妆容都较为柔和。面妆以在眼角晕染淡红的“桃花妆”为主；花钿在传统红色之外更流行起翠钿，式样较为小巧精致；眉形细长如柳叶，斜红形如新月。

开元末年以来，女子的妆容变得明艳多样。先是浓眉再次变得流行，两道平直粗眉晕开，额头、鼻梁、下颌保留傅粉的白底色，再以鲜丽的红妆施于眉下，直到占满两颊，大约即是所谓“酒晕妆”。花钿式样更为丰富，有些甚至用华丽的金银珠玉制作；面靥可贴在嘴角及眼下承泪等处；斜红除常规形态外更有作五色飞鸟状的。

天宝年间，妆容再度变得柔和。如白居易《上阳白发人》中写“脸似芙蓉胸似玉”“青黛点眉眉细长”；《长恨歌》中写“芙蓉如面柳如眉，对此如何不泪垂”。

这时又有若干特别的妆容。

【白妆黑眉】

传说中杨贵妃发明的妆容，粉面不施胭脂，眉黛涂黑。

【泪妆】

传说中天宝年间后宫嫔妃喜爱的妆容，在脸颊以素粉点上花样。

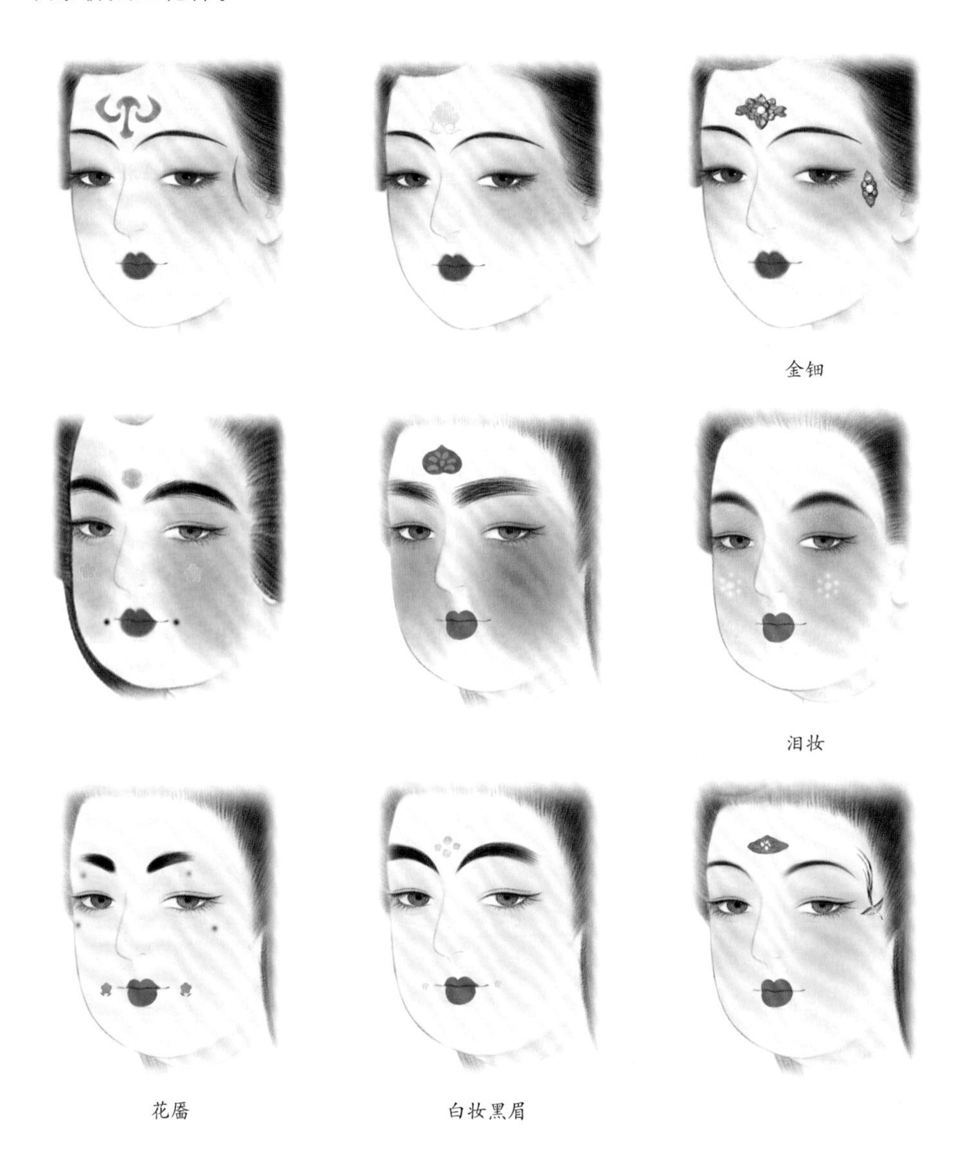

中唐

安史之乱后，女子妆容经历了数十年的平和过渡期，其间并未产生太多新式样；只是女子面妆变得浅淡，花钿不再如盛唐那般使用抽象艳丽的图形，多是作小小花草形态。

直到 8 世纪末 9 世纪初，各种标新立异的妆容才开始接连产生。

花钿

【贞元啼妆】

双眉画作悲愁似啼的八字状；斜红与面妆融合，只表现为脸畔红粉的浅浅边际线，如被眼泪染出痕迹一般。

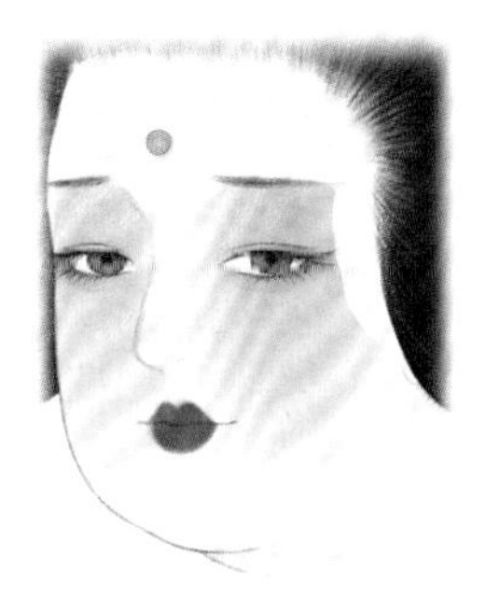

贞元啼妆

【元和时世妆】

在贞元式妆容的基础上进一步夸张化，不用胭脂粉妆而是仿效游牧民族的“赭面”习俗，再画出八字愁眉与乌色嘴唇。

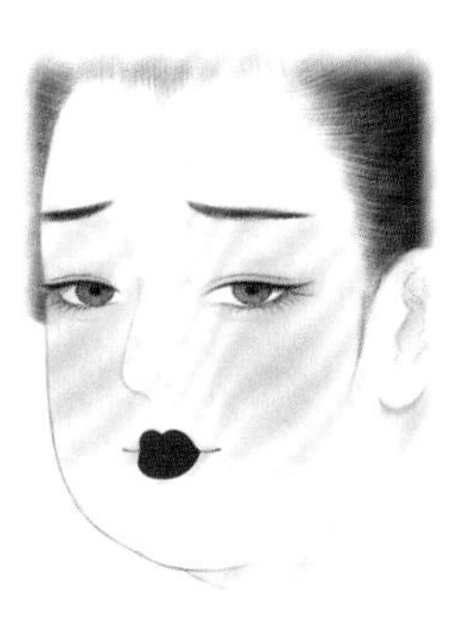

元和时世妆

【长庆血晕妆】

剃去眉毛，在眼睛上下画出三四道红紫色长痕，如瘀血一般。

长庆血晕妆

【太和险妆】

把本来的真眉毛剃去，又剃开额前的头发让发际线上移，使额头变得宽广。过去长庆年间的血晕妆已然过时，此时妆饰的重点是在宽广额头上另行描上眉妆。

太和险妆

晚唐五代

自晚唐以来，女子妆容重回到纤丽精巧的轨道上，主流是以长长柳眉、小小朱唇为喜好。女子将眉形、唇妆作为化妆的重点，并因此产生了诸般名目讲究。花钿、面靥在日常装饰中多以纤巧淡雅为主；夸张化的妆容组合多用以搭配盛装，列入特殊名目的化妆之中。

【花靥】

欧阳炯《女冠子》："薄妆桃脸，满面纵横花靥。"

【金靥】

孙光宪《浣溪沙》："腻粉半沾金靥子。"

温庭筠《南歌子》："脸上金霞细，眉间翠钿深。"

毛熙震《后庭花》："时将纤手匀红脸，笑拈金靥。"

【乌靥】

李贺《恼公》：“匀脸安斜雁。”

刘恂《岭表录异》：“鹤子草……采之曝干，以代面靥。形如飞鹤，翅尾嘴足无所不具。”

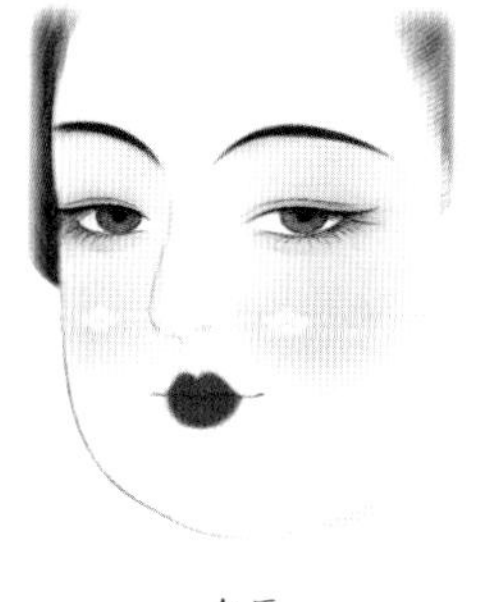

金靥

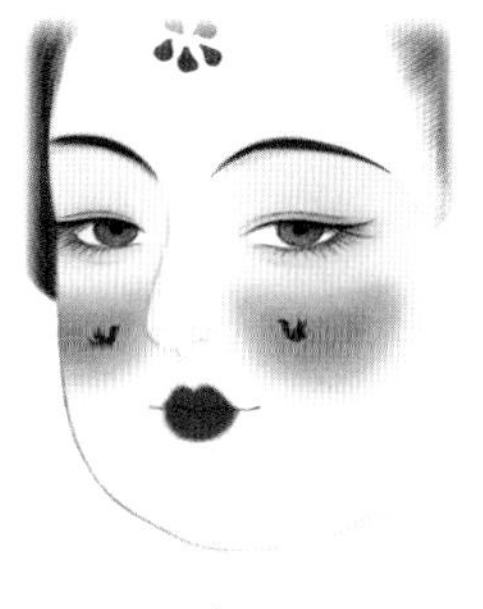

乌靥

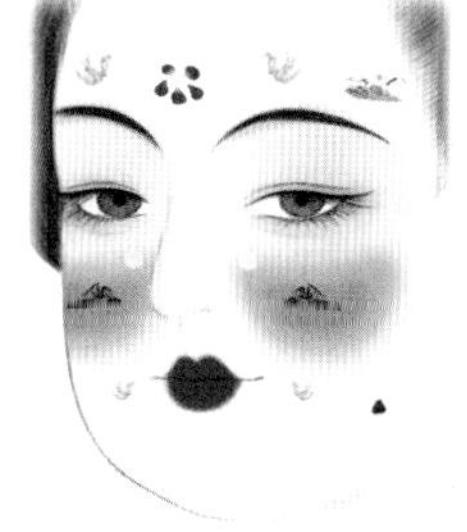

花靥

五代时期的大部分地域仍延续着晚唐流行，追求精美、纤巧、繁丽的妆容细节；相对繁华富庶、未遭受战争之灾的南方地区，则出现了一些夸张的流行时尚，去眉开额，另行在额间画眉的做法再度出现，且眉形也变作短促状。

小折枝花子

【蜻蜓花子】

陶谷《清异录》：“后唐宫人或网获蜻蜓，爱其翠薄，遂以描金笔涂翅，作‘小折枝花子’，金线笼贮养之，尔后上元卖花者，取象为之，售于游女。”

【北苑妆】

陶谷《清异录》：“江南晚季，建阳进‘茶油花子’，大小形制各别，极可爱。宫嫔缕金于面，背以淡妆，以此花饼施于额上，时号‘北苑妆’。”

北苑妆

特别篇

何彼浓矣，花如桃李。

公主的嫁衣

唐永隆二年（681 年）七月，唐高宗与武则天的爱女太平公主下嫁驸马薛绍，婚礼仪式盛大至极——唐高宗特赐万年县为太平公主的婚礼场所，因其门隘狭窄，容纳不下翟（dí）车，竟然拆毁其墙垣让翟车进入；沿路火炬连连，甚至导致道旁槐树大多枯死[①]。作为这场盛大繁华婚礼中心的太平公主，其妆束自然令人遐想。这里参考当时若干礼制记载，对公主所穿婚服做出相应推测。

①《新唐书·公主传》。

愿在首而为华，随微步以摇光

唐朝女子出嫁，依照礼制需着符合自身身份且等级最高的盛装。所用的头饰名为“花钗”，具体来看，庶民女子所用的“花钗”只是金银琉璃涂饰的首饰，贵妇们的“花钗”则包括花树、宝钿、博鬓等华丽构件。这些构件可以附着在钗上以便一一插戴于发髻，也可以组合成一顶整体的花树宝钿礼冠直接佩戴。

而公主所用的“花钗”，构件包括花树九树、宝钿九枚、博鬓一双。在礼制记载之外，当时还有华丽的花树与凤鸟组合而成的饰件，因此图中在公主的花冠正中装饰了一只以凤尾为花树的立凤形象。

凤鸟与花树

美国佛利尔美术馆藏

愿在衣而为领，承华首之余芳

盛装所用的服装为翟衣，其中皇后所用的专名“袆衣”，太子妃所用的专名“褕（yú）翟”。翟衣的式样刻意附会上古时代的深衣，“妇人尚专一，德无所兼，连衣裳不异其色”[①]，衣裙相连且同色，不同于当时日常女服流行的上短衫、下长裙的式样。

最高等级的盛装衣料名为织成，如皇后袆衣，“深青色织成为之”；太子妃褕翟，“青织成为之”。所谓“织成”指的是按需事先织造好形状纹样的织物，不必如一般衣料那样裁制成片，直接可以加工缝缀成衣；此外，内外命妇所穿的翟衣则是在罗上以刺绣做成花纹。衣上的花纹主体，是成行排列的翟鸟（参照宋朝制度应为锦鸡，因目前没有唐代翟衣的具体形象，图中参考宋朝翟衣纹样补绘），数量也因身份等级之差自皇后以下依次递减。在翟衣之内还需衬一件素纱中单，以素纱的白底使外衣的纹样得以彰显。

翟衣的领、袖、下裳均有朱红色缘边。领边名为“黼领”，即在衣上领缘边做刺绣。这种绣领的风尚渊源悠久，先秦时代贵族便已对领缘特别重视——最初大约是出于实用，衣领是最为醒目又最易磨损的部位，自当加以缘边；而后领边逐渐成为装饰的重点。于女子而言，装饰精美的领边也成为映衬容色的极好助益。南朝沈约有诗：“纤手制新奇。刺作可怜仪。萦丝飞凤子。结缕坐花儿。不声如动吹。无风自移枝。丽色傥未歇。聊承云鬓垂。”[②]唐代的礼服仍延续着这样的古制。袖端缘边名“褾”，下裳缘边名“襈（xùn）”，均是以朱红色纱縠制作。

① 郑玄注《周礼·天官·内司服》。

② 沈约，《十咏·领边绣》《玉台新咏》。

宋神宗皇后坐像／台北故宫博物院藏

愿在裳而为带，束窈窕之纤身

穿上翟衣后，需以大带束腰。大带颜色与翟衣相同，以织锦缘边，上端用朱锦，下端用绿锦。衣带系结处另附青色组带结成的纽扣。身前还需另加蔽膝，蔽膝源于上古遮羞的实用长巾，而后逐渐成为礼仪制度的一部分。蔽膝采用与翟衣同样的衣料，其上同样依照命妇身份等级装饰翟鸟，用缬（zōu）色（深红色）缘边。

革带束在最外，其具体形制在唐代礼制中没有详细记载；但参照宋人皇后画像，大约唐代也应在革带上装饰带铐。陕西省长安县南里王村唐窦皦墓出土一组青白玉梁金筐为底、嵌珍珠琉璃宝石的带具，应是用于男性朝服；同时期贵胄女眷的革带饰件，应与之类似。

金筐宝钿玉带

陕西长安南里王村唐窦皦墓出土

佩鸣玉以比洁，系长绶而偕老

腰际两侧，挂有成组的玉佩。玉佩一方面起着节步、使佩戴者行动端庄的作用，另一方面也有装饰与区分身份等级的作用。组玉佩的结构，主体为上、中、下三层玉珩（héng）。最上层的一枚直接与腰部挂带连接，下端穿孔垂下三道穿珠的长索以挂玉饰；中层玉珩两旁各竖立一枚半圆环形的玉璜；下层玉珩两侧各垂一圆珠。佩戴时上中两层往往隐在宽大的衣袖之下，唯独露出下珩与垂珠；伴随佩戴者的行动，垂珠与玉珩撞击出清脆的声响。

此外还有绶（shòu）带系在腰后自然垂下。唐时的绶以色彩、长度、工艺等区分等级，制作多以一色为主，再在其间用彩色丝线交错编织出纹路。其具体形貌应如日本奈良正仓院所藏的一条组带，近黑的暗紫地上晕出黄赤白缥绿的交错纹路；这大约是仿效唐代制度中帝后所用的“玄绶”。

组玉佩

陕西西安唐刘智夫妇墓出土

陕西省考古研究院，等．陕西西安唐刘智夫妇墓发掘简报[J]. 考古与文物，2016，(3)．

组带

日本奈良正仓院藏

愿在丝而为履，附素足以周旋

依照古制，复底之履名舄（xì）。唐代制度中对其式样记载得颇为简略，但唐太宗文德皇后长孙氏所穿之履在宋代犹存，并曾为名书法家米芾亲见、临写为画。米芾在画侧题跋："右唐文德皇后遗履，以丹羽织成，前后金叶裁云为饰。长尺，底向上三寸许，中有两系，首缀二珠，盖古之岐头履也。臣米芾图并书。"[①]虽米芾所绘的图像未见传世，但根据文字记载已可大致知晓其形貌——以丹红色织成制作，上加金叶云形饰物，履头翘起作分歧状，缝缀两枚珠饰。如文字所描述的履式，有日本奈良正仓院收藏的一双天平胜宝四年（752 年）大佛开眼法会上圣武天皇所穿过的"衲御礼履"。这双履底做双层，应即唐代制度中所记载的"舄"；其制作系以赤皮作表，白皮为里，白绫垫，金线缝边，鞋上装饰有镀金银花饰（因年久大部分已变为黑色），上嵌珍珠、琉璃、水晶三种珠玉，分歧的履头高高翘起，前端镶嵌白色饰片六片。

① 《说略》。

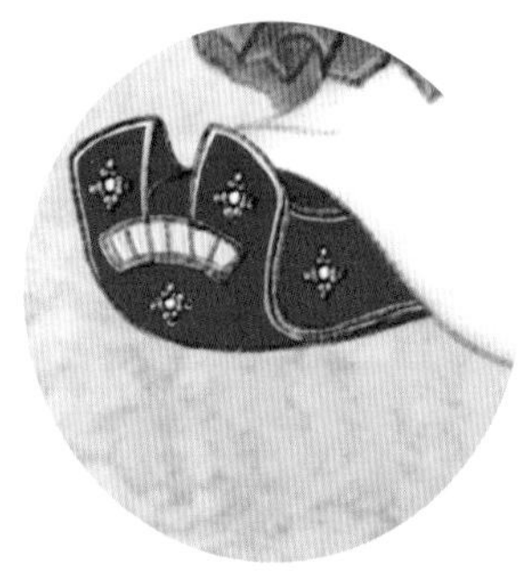

衲御礼履

日本奈良正仓院藏

正仓院事务所．正仓院宝物·南仓[M]．东京：朝日新闻社，1989．

参考文献

古籍

[1] [北齐]魏收. 魏书[M]. 北京：中华书局，2017.
[2] [梁]沈约. 宋书[M]. 北京：中华书局，1974.
[3] [唐]魏征，等. 隋书[M]. 北京：中华书局，1973.
[4] [唐]杜佑. 通典[M]. 北京：中华书局，1984.
[5] [后晋]刘昫，等. 旧唐书[M]. 北京：中华书局，1975.
[6] [宋]欧阳修，宋祁. 新唐书[M]. 北京：中华书局，1975.
[7] [宋]薛居正，等. 旧五代史[M]. 北京：中华书局出版社，2000.
[8] [北宋]王钦若，等. 册府元龟[M]. 北京：中华书局，1960.
[9] [宋]司马光. 资治通鉴[M]. 北京：中华书局，2013.
[10] [清]彭定求，等. 全唐诗[M]. 上海：上海古籍出版社，1986.
[11] 陈尚君. 全唐诗补编[M]. 北京：中华书局，1992.
[12] 王重民. 全唐诗外编[M]. 北京：中华书局，1982.
[13] [唐]张文成. 游仙窟[M]. 北京：中华书局，2012.
[14] [唐]段成式. 酉阳杂俎[M]. 上海：上海古籍出版社，2012.
[15] [唐]张鷟. 朝野佥载[M].《丛书集成初编》本.
[16] [唐]李德裕，等. 次柳氏旧闻・外七种[M]. 上海：上海古籍出版社，2012.
[17] [唐]段公路. 北户录[M].《丛书集成初编》本.
[18] [唐]李肇. 唐国史补[M].《丛书集成初编》本.
[19] [唐]刘恂. 岭表录异[M].《丛书集成初编》本.

[20] [唐]姚汝能. 安禄山事迹[M]. 上海：上海古籍出版社，1983.

[21] [唐]崔令钦. 教坊记·外七种[M]. 上海：上海古籍出版社，2012.

[22] [五代]王仁裕，等. 开元天宝遗事外七种[M]. 上海：上海古籍出版社，2012.

[23] [汉]史游. [宋]王应麟补注；张传官校理. 急就篇[M]. 北京：中华书局，2017.

[24] [汉]刘熙. 释名[M].《丛书集成初编》本.

[25] [隋]颜之推. 颜氏家训[M]. 上海：上海古籍出版社，1980.

[26] [晋]崔豹. 古今注[M]. 影印《丛书集成初编》本.

[27] [前秦]王嘉. 拾遗记·外三种[M]. 上海：上海古籍出版社，2012.

[28] [唐]朱揆. 钗小志[M].《香艳丛书》本.

[29] [唐]宇文士及. 妆台记[M].《香艳丛书》本.

[30] [唐]颜师古. 大业拾遗记[M].《香艳丛书》本.

[31] [唐]张泌. 妆楼记[M].《香艳丛书》本.宛委山堂《说郛》本.

[32] [五代]马缟集. 中华古今注[M].《丛书集成初编》本.

[33] [五代]赵崇祚. 花间集[M]. 宋绍兴十八年刻本.

[34] [五代]冯鉴. 续事始[M]. 商务印书馆影印古籍.

[35] [宋]江休复. 醴泉笔录[M]. 清道光刻本.

[36] [宋]高承. 事物纪原[M]. 北京：中华书局, 1989.

[37] [宋]陶谷. 清异录[M].《丛书集成初编》本.

[38] [明]顾起元. 说略[M]. 影印文渊阁四库全书本.

今人论著

[1] 新疆维吾尔自治区博物馆. 新疆维吾尔自治区博物馆[M]. 北京：文物出版社，1991.

[2] 中国历史博物馆，新疆维吾尔自治区文物局. 天山・古道・东西风：新疆丝绸之路文物特辑[M]. 北京：中国社会科学出版社，2002.

[3] 新疆维吾尔自治区博物馆. 古代西域服饰撷萃[M]. 北京：文物出版社，2010.

[4] Stein. Innermost Asia: Detailed Report of Explorations in Central Asia, Kan-Su and Eastern Iran[M].Oxford University Press, 1928.

[5] 国家文物局古文献研究室,等. 吐鲁番出土文书（全10册）[M]. 北京：文物出版社，1991.
[6] 唐长孺，中国文物研究所，等. 吐鲁番出土文书（全4册）[M]. 北京：文物出版社，1994.
[7] 韩生. 法门寺文物图饰[M]. 北京：文物出版社，2009.
[8] 陕西省考古研究院，等. 法门寺考古发掘报告[M]. 北京：文物出版社，2007.
[9] 昭陵博物馆. 昭陵唐墓壁画[M]. 北京：文物出版社，2006.
[10] 陕西历史博物馆. 唐墓壁画珍品[M]. 西安：三秦出版社，2011.
[11] 陕西省文物管理局委员会. 陕西省出土唐俑选集[M]. 北京：文物出版社，1958.
[12] 陕西历史博物馆，等. 花舞大唐春：何家村遗宝精粹[M]. 北京：文物出版社，2003.
[13] 黄能馥. 中国美术全集·工艺美术编·印染织绣（上）[M]. 北京：文物出版社，1987.
[14] 杨伯达. 中国美术全集·金银玻璃珐琅器[M]. 北京：文物出版社，1987.
[15] 正仓院事务所. 正仓院宝物（全10卷）[M]. 东京：每日新闻社，1994.
[16] 黄永武. 敦煌宝藏（全140册）[M]. 台北：新文丰出版公司，1982.
[17] 赵丰. 敦煌丝绸艺术全集·俄藏卷[M]. 上海：东华大学出版社，2014.
[18] 赵丰. 敦煌丝绸艺术全集·法藏卷[M]. 上海：东华大学出版社，2010.
[19] 赵丰. 敦煌丝绸艺术全集·英藏卷[M]. 上海：东华大学出版社，2007.
[20] 尚刚. 隋唐五代工艺美术史[M]. 北京：人民美术出版社，2005.
[21] 孙机. 中国古舆服论丛[M]. 上海：上海古籍出版社，2013.
[22] 扬之水. 中国古代金银首饰[M]. 北京：紫禁城出版社，2014.
[23] 扬之水. 无计花间住[M]. 北京：中信出版集团股份有限公司，2016.

[24] 叶娇. 敦煌文献服饰词研究[M]. 北京：中国社会科学出版社，2012.
[25] 武敏. 织绣[M]. 台北：幼狮文化事业有限公司，1992.
[26] 周汛，高春明. 中国历代妇女妆饰[M]. 上海：学林出版社，1988.
[27] 黄能馥，陈娟娟. 中国丝绸科技艺术七千年：历代织绣珍品研究[M]. 北京：中国纺织出版社，2002.
[28] 黄能馥，陈娟娟，黄钢. 服饰中华：中华服饰七千年[M]. 北京：清华大学出版社，2011.

后记（一）

本书的最初缘起，原是应师友之邀，在高校的艺术史课程中客串几讲服饰史内容。当时从先秦讲到唐宋，定名为《中国古代简明服饰史纲要》。后来整理讲稿，却发现若将它归入艺术史之列实在很不像样。叙述的立场只是从个人兴趣出发，选取的角度极片面，体例既不合于深文罗织的“学术研究”，也未阐发出什么高深莫测的“艺术理论”。适逢清华大学出版社有书稿相约，索性不合规矩到底，决定以这组讲稿为基础，写出一系列讲解历朝历代服饰变迁的小书，一一胪举那些可爱可感的古人衣饰，细细拆解其间微妙的流变脉络——人们对美的追求，是“虽世殊事异，所以兴怀，其致一也”。

于是和插画家末春开始了长达数年的合作。一张张精致插画，背后也是长期的辛苦：首先需确认诸多文物的真实细节，再进行构拟复原或补充设计，反复修改推敲，最终得以在书中一一呈现。长期给予我与末春支持与鼓励，并提供很多实用建议的是本书的责任编辑一琳。我的好友是本书初稿的第一个阅读者，他耐心审读字句，总是能发现我的错漏不足，甚至引发出我未察觉的新视角、新观点。学友梦华、熊猫、墨龙也在考古文物方面提供了大量有益的帮助。我在中国古代妆束复原小组结识的友人镜子提供了梳妆方面的建议，春光提供了草木染色方面的参考。在此一并致谢。虽在后记里感谢早已程式化，但这里容纳的情感的确是真实的。

在后记尚需满怀愧怍不安地进行说明：本书的内容不过是我进行诸多方面“万金油”式学习得来的一些感知感想。书中略而未及者，也并非是无足轻重，只是体例所限，不得不有所削取。

若要研究唐代服饰，以下考古与研究成果极为重要，立足其上，本书中的诸多分析、研究、推测复原才成为可能。各位读者未来若有兴趣与余裕进行更深入的探索，恳请阅读了解以下内容：

一、新疆吐鲁番阿斯塔那墓葬群出土初唐至盛唐的纺织品与服饰实物。20 世纪考古专家吴震、武敏伉俪发掘整理了这批墓葬中出土的大量纺织品实物。武敏先生以其中出土的服装实物为基础，对唐代织物种类、工艺以及女装的式样进行了基本而全面的研究。我有幸得见这些材料，并多次借展览或参观库房之际目验甚至实测其中部分，做了初步的整理分析，目前已能还原出多组基本完整的唐代女性衣饰。

二、陕西法门寺唐代地宫出土的晚唐丝绸与服饰实物。王矜、王亚蓉二位先生首先对它们进行了整理修复。此后德国纺织考古专家安格丽卡・斯里夫卡女士又自糟朽严重的衣物中提取出多件晚唐皇室贵族女性献纳的服饰实物。我有幸大致目验了其中两套服装，并就其式样结构、穿着形式与定名在前文做了论述。

三、敦煌石窟藏经洞出土的纺织品。这部分文物在20世纪初已被英、法、俄等国窃走，散落海外各处；有赖赵丰先生一行海内外研究者的整理，大量敦煌丝绸的资料才得以整理刊布成书。

四、日本考古学者原田淑人先生首开中国服装史研究的学问，并为唐代服饰研究搭起了基本的框架（《唐代的服饰》，译本收录于《中国服装史研究》）；随后相继有沈从文（《中国古代服饰研究》）、周锡保（《中国古代服饰史》）、黄能馥与陈娟娟伉俪（《中国服装史》）等前辈学者的服饰通史类著作涉及唐代。

五、考古学者孙机先生详细校释了两《唐书》中有关唐代服饰制度的记载，并专门对唐代女性的服饰与化妆做了研究（《两唐书舆（车）服志校释稿》《唐代妇女的服装与化妆》，二文皆收录于《中国古舆服论丛》）。扬之水先生研究了中国古代金银首饰的发展史，其中于唐代首饰专辟有篇目论述（《中国古代金银首饰》）。

左丘萌

2020年2月20日

后记（二）

写这篇后记前，我特意翻看了编辑刘一琳加我微信的时间，是 2017 年 7 月 23 日，从最初了解这本书的策划到最终完成全书的绘制、出版，耗时近三年，松口气之余心里也不由感慨我们所耗费的巨大心力。

其实，我对出书并没有多大的兴趣，也为这本书繁重的插图任务犹豫过，但最终确定下来要画，原因有二：一是基于对这个题材感兴趣，很好奇古代女子的妆与束，想以自己的风格去演绎。直觉告诉我，最终的成书应该是现有同类书中质量较好的。二是当时拿到了一笔插画的授权费，可以朴素生活至少一年不用担心收入的问题，没有后顾之忧才是开启本书绘制之旅的必要因素。与这本书同期创作的还有我的“沪上花”系列，现在回看，这段时间算是我自由职业以来状态比较好的阶段，目标明确、心无旁骛。

文字作者左丘萌拥有考古学背景，我所绘制的人物，会严格依据他所提供的资料进行，发型、妆容、首饰、服装无不是细心考证过的结果。我需要将左丘萌绘制的示意图、出土的文物照片、相关的

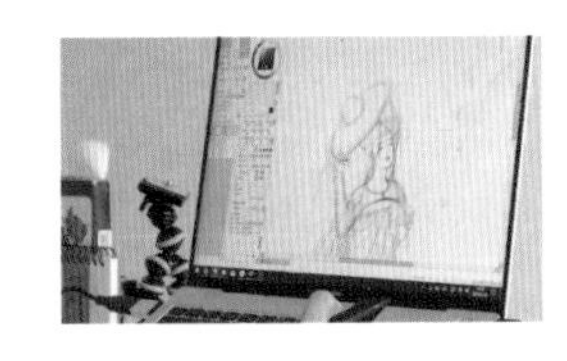

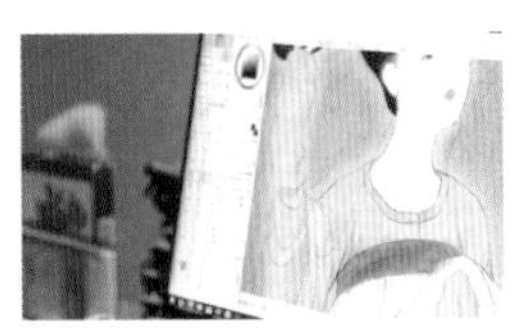

创作过程

“红拂夜奔”过程图

文学作品、同期的壁画雕塑等进行重构，并给她们设定合理的场景。需要和左丘萌反复多次确认细节，最终绘制出大家所看到的插画。每画完一张，我都觉得她们似乎是真实存在的。

我喜欢用 vlog 记录生活，2019 年 5 月 19 日发布的那期 vlog 刚好拍到了我绘制“红拂夜奔”的过程。如果你想了解书中人物的绘制过程，可以扫描二维码。一些更细致的绘制过程我也会逐步整理，陆续放在我的微博和 B 站上，欢迎关注。

最后，想感叹下这些好运气：有幸被看到，试稿被认可，和左丘萌、刘一琳组成的三人小团队从最初确立到日复一日地反复抠细节、相互鼓励，最终如愿成书。在这繁杂又漫长的工作中，大家都极具耐心，脾气也很对头，这真的是一件难得又幸运的事。

末春

2020 年 3 月 5 日

* 参照书中第41–42页内容，选择合适的衣裙组合搭配

五代·南唐

937—975年

初唐女性的服装层次示意

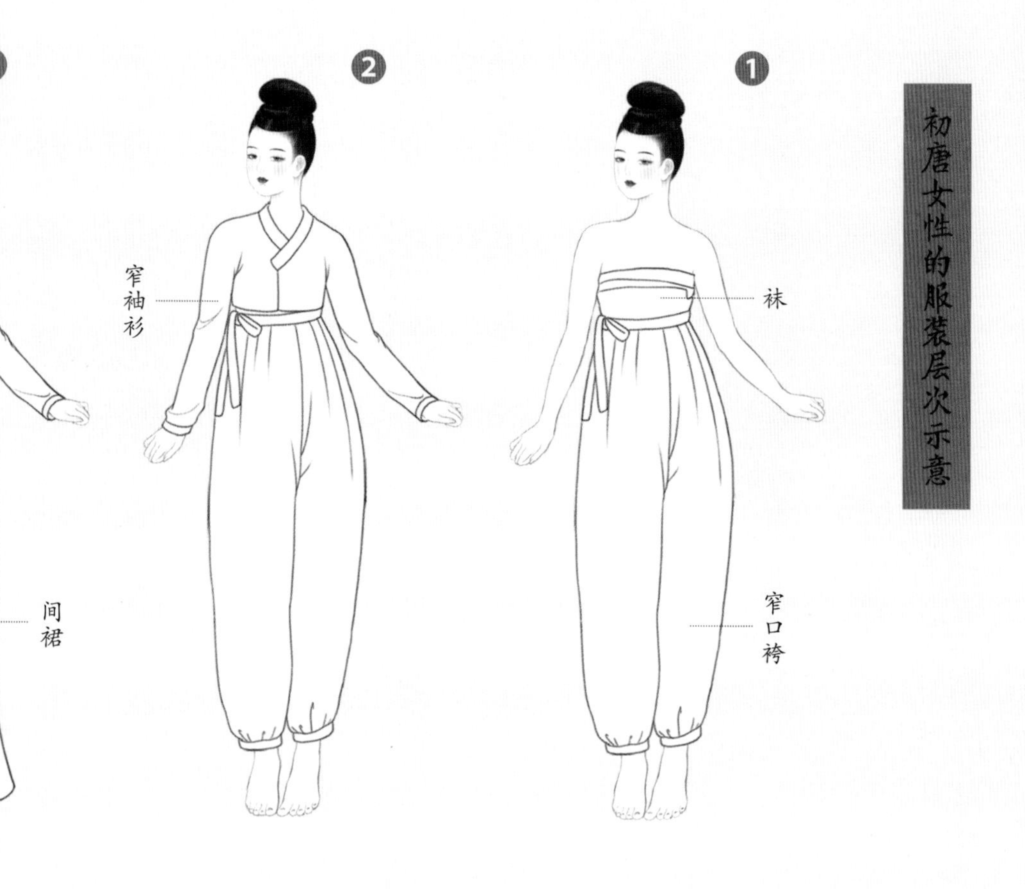

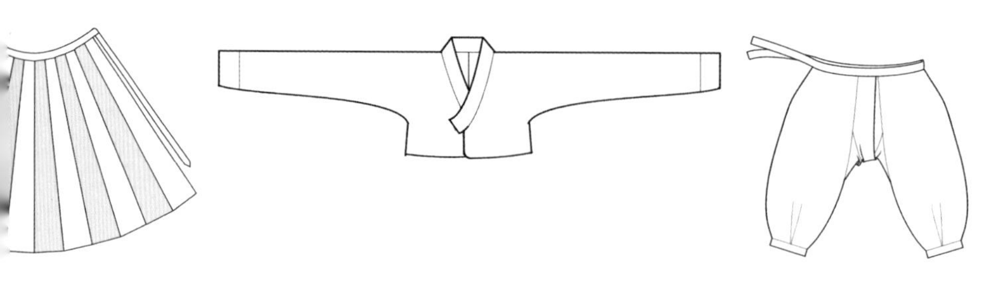

间裙　　窄袖衫　　窄口袴

中唐·文宗太和年间
827—835年

晚唐·懿宗咸通年间
860—874年

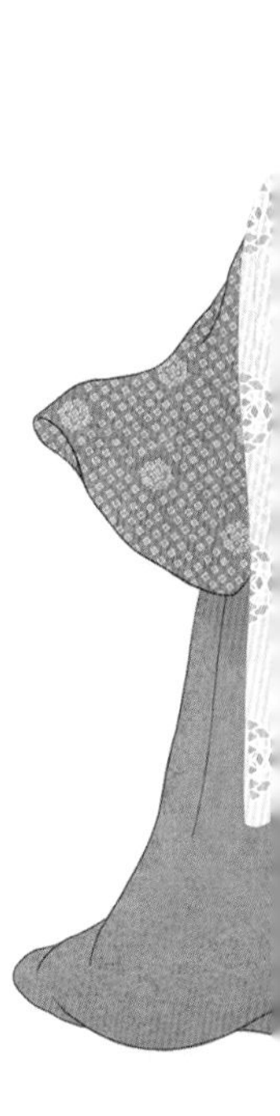

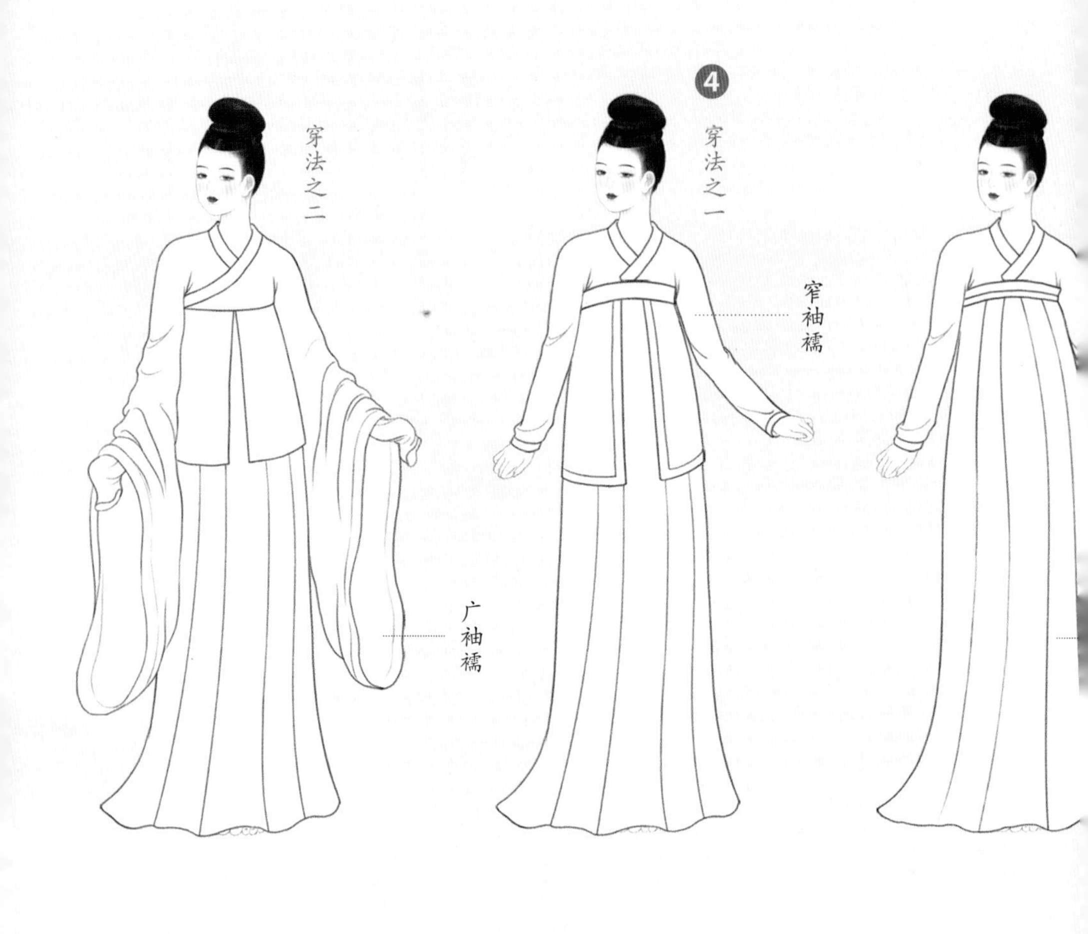

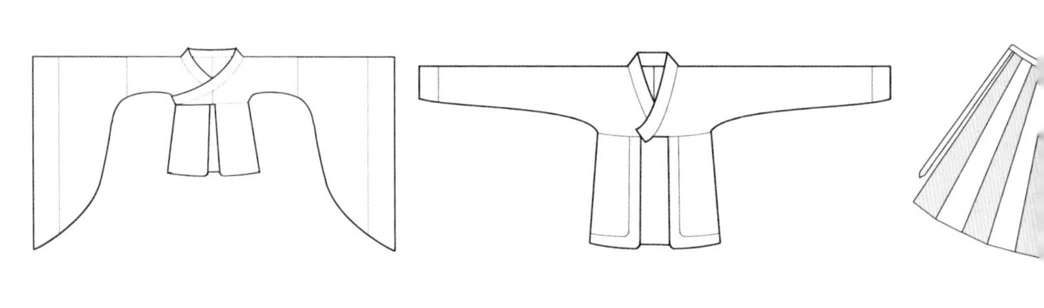

广袖襦　　窄袖襦

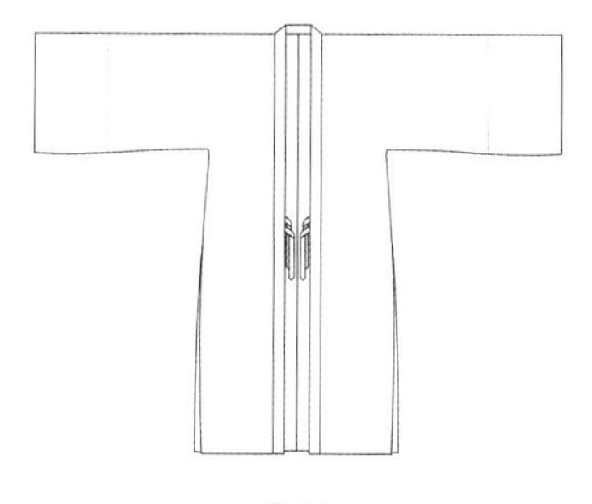

披衫

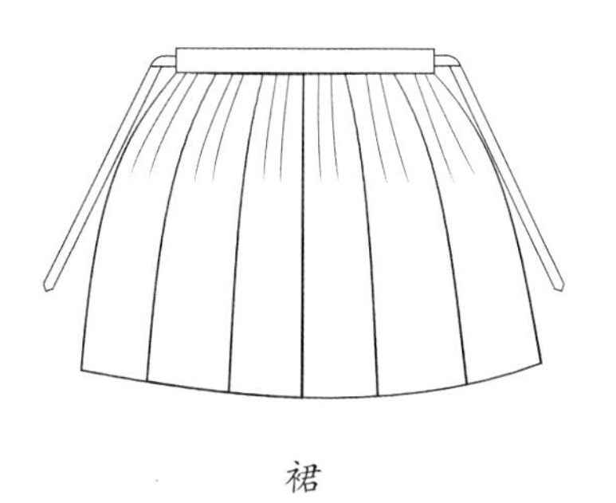

裙

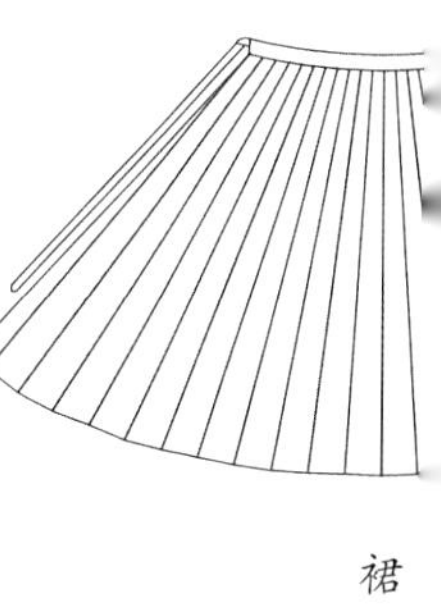

裙

中唐·代宗大历年间
757—779年

中唐·德宗贞元年间
785—805年 前段

中唐·德宗贞元年间

785—805年 后段

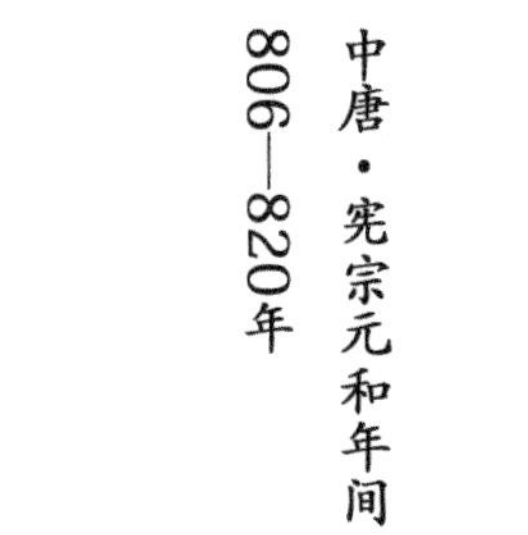

中唐·宪宗元和年间

806—820年

中唐·穆宗长庆年间

821—824年

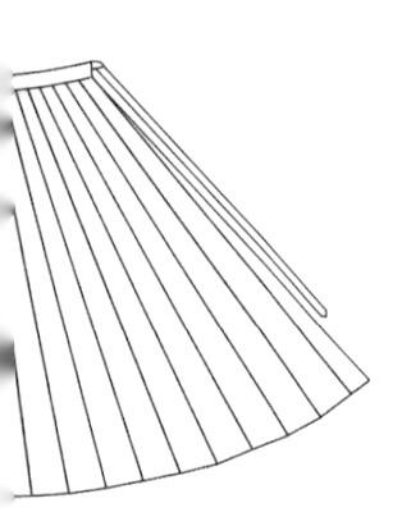

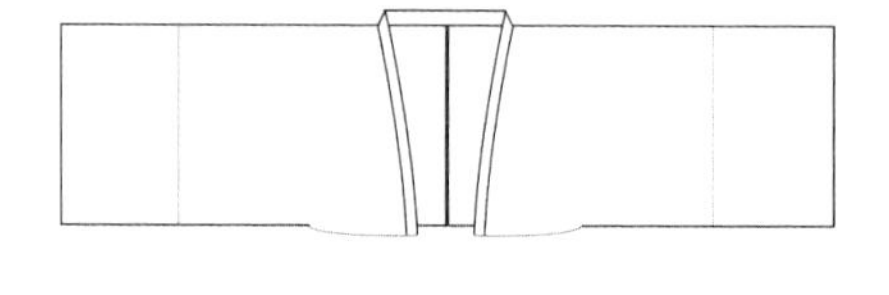

襦裆

袴

7 施面靥

6 绘斜红

初唐·太宗贞观年间
627—649年 后期

初唐·高宗麟德二年
665年

初唐·高宗咸亨三年
672年

❺ 贴花子

❹ 注唇

武周·睿宗垂拱四年
688年

武周·长安年间
701—705年

武周·中宗神龙年间
705—707年

❸ 画眉

❷ 匀

盛唐·玄宗开元三年
715年

盛唐·玄宗开元九年
721年

盛唐·玄宗开元中期
726—735年 前段

盛唐·玄宗开元中期
726—735年 后段

盛唐·玄宗开元后期
736—745年

盛唐·玄宗天宝年间
746—756年

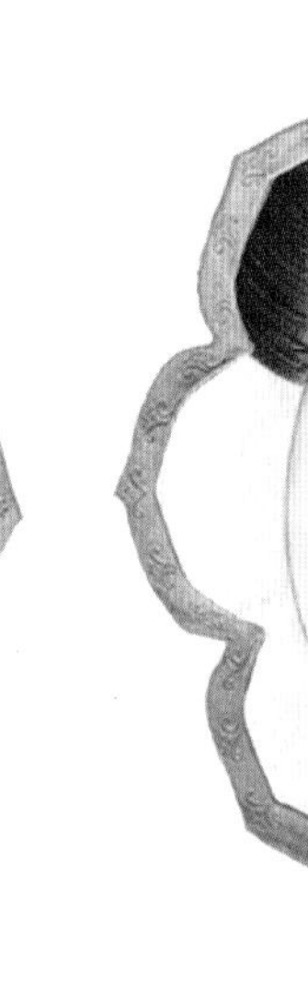

红

❶ 傅粉